Gajanand Nagal

Bionomia e gestão da lagarta do tabaco no pimento

Gajanand Nagal

Bionomia e gestão da lagarta do tabaco no pimento

ScienciaScripts

Imprint
Any brand names and product names mentioned in this book are subject to trademark, brand or patent protection and are trademarks or registered trademarks of their respective holders. The use of brand names, product names, common names, trade names, product descriptions etc. even without a particular marking in this work is in no way to be construed to mean that such names may be regarded as unrestricted in respect of trademark and brand protection legislation and could thus be used by anyone.

Cover image: www.ingimage.com

This book is a translation from the original published under ISBN 978-3-659-40437-5.

Publisher:
Sciencia Scripts
is a trademark of
Dodo Books Indian Ocean Ltd. and OmniScriptum S.R.L publishing group

120 High Road, East Finchley, London, N2 9ED, United Kingdom
Str. Armeneasca 28/1, office 1, Chisinau MD-2012, Republic of Moldova, Europe
Managing Directors: Ieva Konstantinova, Victoria Ursu
info@omniscriptum.com

Printed at: see last page
ISBN: 978-620-8-53701-2

AGRADECIMENTOS

Nesta sociedade altamente complexa, nenhum trabalho pode ser realizado por um único indivíduo, mas precisa da inspiração e da gratidão sincera dos intelectuais, bem como da graça do Todo-Poderoso. Com uma humildade sem limites, gostaria de agradecer a "Deus Todo-Poderoso" que me concedeu saúde, tenacidade e coragem suficientes para atravessar este momento crítico. Estou grato a "DEUS", por me ter concedido uma família tão afectuosa, cujo amor, carinho, dedicação e inspiração me encorajaram a procurar a excelência.

Com profunda reverência, aproveito esta oportunidade para agradecer ao meu orientador principal, K S V, Professor Associado, Departamento de Entomologia, CSK HPKV, Palampur, pelos seus conselhos brilhantes, inspiração contínua, confiança eterna, orientação competente, afeto, críticas construtivas, sugestões valiosas e muito necessárias ao longo da minha associação com ele e, em particular, para o presente trabalho. Estou-lhe igualmente grato por me ter proporcionado todas as facilidades de investigação tangíveis e intangíveis necessárias durante a minha pós-graduação.

Estou sinceramente grato aos membros eruditos do meu comité consultivo, R S C a d l, Entomologista, C S ar a, Entomologista Assistente, e A ar Si g , Cientista Assistente, Departamento de Fitopatologia, pelas suas sugestões oportunas e valiosas, conselhos académicos e esforços contínuos para fazer sobressair o melhor de mim. Estou igualmente grato a Vidya agar, Dean's Nominee, Professor, Department of Vegetable Science, pela sua orientação, sugestões, encorajamento e esforços durante o processo de conclusão da presente tarefa.

Os meus sinceros agradecimentos são devidos a C S ar a, Cientista Sénior e Diretor do Departamento de Entomologia e a todos os membros respeitados do corpo docente, K a r YS C a d l A K Sood K S a a e S rj K ar, pela sua ajuda e sugestões.

Um agradecimento especial ao r K a pela sua ajuda, afeto e apoio moral que me deu desde o primeiro dia nesta faculdade.

Talvez não exista nenhuma língua em que eu possa exprimir a minha dívida e obrigação para com os meus queridos pais, S Ga Nagal e S Lax i i, que passaram a vida a fazer o meu futuro. O seu amor infinito, carinho, inspiração, trabalho árduo e genuinidade influenciaram a minha vida da forma mais bela. Devo-lhes cada um dos meus êxitos. A minha reverência para com eles e a sua benevolência para comigo não têm medida nem palavras.

O tempo pára quando penso em agradecer a companhia agradável e a ajuda inabalável dos meus amigos, especialmente de C a i Ha a Ri ika Raj i N a A k Vi l B gia e dos meus carinhosos juniores ~~L~~a Jyo i Nar Ni Ta do e o i que me mantiveram num estado exaltado mesmo durante os momentos de desânimo e estiveram sempre comigo com as mãos a apoiar. Não posso deixar de referir a cooperação, a ajuda atempada e o apoio moral dos meus superiores, especialmente A il ~~Lok~~d Ka ald p Si g S i a d p S a oop Nik il e Wa .

Estou também muito grato ao meu querido irmão i , à bhabhi a a, aos primos J & Rak, à irmã R e J ja ji pelo seu amor e apoio.

Nem todos são mencionados, mas nenhum é esquecido. Todos os erros e imperfeições são, obviamente, meus.

Local : Palampur
Datação: 15th julho, 2013

(Gaja e Nagal)

ÍNDICE DE CONTEÚDOS:

LISTA DE ABREVIATURAS UTILIZADAS

Sr. No.	Abbreviation	Meaning
1.	%	Per cent
2.	χ^2	Chi-square
3.	/	Per
4.	@	At the rate of
5.	SG	Soluble granules
6.	IU	International unit
7.	$\bar{x}$	Mean
8.	SC	Soluble Concentrate
9.	°C	Degree Celsius
10.	a.i.	Active ingredient
11.	CD	Critical difference
12.	cm	Centimetre
13	POB	Polyhedral occlusion bodies
14.	df	Degree of freedom
15.	EC	Emulsifiable Concentrate
16.	et al.	Et alii (and other)
17.	etc.	Et cetera
18.	Fig.	Figure
19.	g	Gram
20.	h	Hour
21.	ha	Hectare
22.	i.e.	Id est (that is)
23.	kg	Kilogram
24.	l	Litre
25.	LC_{50}	Median Lethal Concentration
26.	LD_{50}	Median Lethal Dose
27.	mg	Milligram
28.	ml	Millilitre
29.	mm	Millimeter
30.	ppm	Parts per million
31.	sp.	Species (single)
32.	LE	Larval equivalents
33.	*viz.*	Vi delicet (namely)

Departamento de Entomologia
CSK Himachal Pradesh Krishi Vishvavidyalaya
Palampur-176 062 (HP)

Título Bionómica e gestão de **Spodoptera litura** (Fabricius)
Nome Gajanand Nagal

RESUMO

A presente investigação intitulada "Bionómica e gestão de *Spodoptera litura* (Fabricius)" foi realizada durante 2012-2013 no Departamento de Entomologia, CSKHPKV, Palampur, para estudar a biologia do desenvolvimento de *S. litura* em ambiente aberto e protegido (estufa) em pimentão. A praga completou anualmente 9 gerações em ambiente aberto e 11 em condições de estufa. O período de incubação , o período larvar, o período pré-pupal, o período pupal, a longevidade dos machos, a longevidade das fêmeas, o período de pré-oviposição, o período de oviposição, o período pós-oviposição, a fecundidade e a razão sexual (macho : fêmea) variaram entre 3.2 - 11,2 dias, 17,3 - 32,6 dias, 1,2 - 2,3 dias, 5,6 - 24,8 dias, 7,2 - 13,6 dias, 6,9 - 11,5 dias, 1,2 - 5,4 dias, 1,2 - 7,7 dias, 0,5 - 2,1 dias, 907.9 - 3232.3 ovos e 1 : 1.1 - 1 : 3.1, respetivamente, durante diferentes gerações em condições ambientais abertas e 3.2 - 8.8 dias, 14.4 - 24.1 dias, 1.1 - 2.5 dias, 4.4 - 21.2 dias, 6.1 - 12,4 dias, 5,0 - 10,3 dias, 1,1 - 4,3 dias, 1,3 - 6,8 dias, 0,4 - 2,5 dias, 1063,2 - 3643,1 ovos e 1 : 1,9 - 1 : 3,2, respetivamente, durante diferentes gerações em condições de estufa. Os resultados do bioensaio de imersão foliar contra as larvas de terceiro instar em laboratório revelaram que o clorantraniliprole foi o inseticida mais eficaz em termos de toxicidade, seguido da bifentrina, do benzoato de emamectina, da flubendiamida, do indoxacarbe e do novalurão, com valores **LC50** de 0,03, 0,63, 0,73, 0,88, 2,08 e 22,75 ppm, respetivamente. Os valores **LC50** de dois biopesticidas, ou seja, SlNPV e *Btk*, foram 1,32 x 10^5 POB/ml e 0,04 por cento, respetivamente. A concentração de azadiractina necessária para inibir 50% da alimentação da folhagem, ou seja, a **EC50**, foi estimada em 4,16 ppm. No âmbito da experiência de campo, a flubendiamida foi considerada mais eficaz, seguida do benzoato de emamectina, na redução da população larvar (96,34 e 94,81 %, respetivamente) no pimento em ambiente protegido (estufa).

(Gajanand Nagal)

(Dr. K.S. Verma)

CAPÍTULO 1

1. INTRODUÇÃO

A lagarta do tabaco, Spodoptera litura (Fabricius), é uma importante praga polífaga de culturas economicamente importantes, incluindo produtos hortícolas. Tem uma vasta gama de hospedeiros, com mais de 120 espécies de plantas, incluindo culturas arvenses, produtos hortícolas, ervas daninhas e plantas ornamentais (Ramana et al. 1988; Ellis 2004; Thomas et al. 1969; Balasubramanian et al. 1984; Sharma 1994; Zhang 1994). Devido à sua vasta gama de hospedeiros, este inseto é também conhecido como lagarta do cacho, lagarta comum, lagarta do algodão, lagarta do tabaco, lagarta do tabaco e lagarta do exército tropical (Ellis 2004; Xue et al. 2010). Pertence ao filo Arthropoda, subfilo Uniramia, classe Insecta, ordem Lepidoptera, família Noctuidae e subfamília Amphipyrinae.

A S. litura é muito distribuída na Ásia e na Oceânia, nomeadamente na Austrália, Nova Zelândia e outras ilhas do Pacífico, incluindo o Havai, com climas secos, tropicais e temperados (Zhang 1994). Na Índia, distribui-se principalmente em Andhra Pradesh, Assam, Bihar, Gujarat, Haryana, Himachal Pradesh, Jammu & Kashmir, Karnataka, Kerala, Madhya Pradesh, Maharashtra, Orissa, Punjab, Rajasthan, Sikkim, Tamil Nadu, Uttar Pradesh e West Bengal (Anonymous 1993). Em Himachal Pradesh, a distribuição de S. litura nos distritos de Mandi, Bilaspur, Hamirpur e Kangra em estufas em culturas como o pimento, o tomate, o pepino e o quiabo foi registada por Vashisth (2009). É uma praga conhecida e um alimentador ocasional de batata, milho, tabaco, etc. em Himachal Pradesh (Sharma e Bhalla 1964). Bhardwaj (1972) encontrou-o a causar pequenos danos à soja na zona de Solan. S. litura foi registada como alimentando-se vorazmente da folhagem da macieira em Solan (Thakur e Sharma 1974). Batra (1956) registou-o como uma praga grave da couve em Naggar.

As lagartas da praga geralmente desfolham as culturas (Ahmad et al. 2005; Singh e Singh 1997), mas ocasionalmente atacam os frutos em ambiente aberto e protegido (Sood 2010a). Alimentam-se vorazmente das folhas, deixando para trás apenas as nervuras centrais. Nos primeiros dias, as larvas alimentam-se de forma gregária e depois dispersam-se para se alimentarem individualmente. A maioria das espécies de Spodoptera são migratórias quando adultas e conhecidas pelas suas espectaculares flutuações populacionais. As fêmeas põem ovos em cachos cobertos por pêlos castanhos. As traças fêmeas entram nas estufas através de fendas e fissuras ou de polisheets danificados e põem ovos em grandes massas.

As perdas de colheita devido a S. litura foram registadas como variando entre 25,8-100 por cento com base na fase da colheita e no seu nível de infestação no campo (Dhir et al. 1992). Estimou-se que 2, 4 e 8 larvas por planta reduziram o rendimento do tabaco em 24, 44,2 e 50,4 por cento na Índia (Patel et al. 1971). Enquanto que 1,5 larvas por planta reduziram o rendimento do pimento em 10% em estufas (Nakasuji e Matsauzaki 1977). A densidade larvar duas semanas antes da colheita teve uma relação significativa com a percentagem de frutos danificados do pimentão em estufa. A densidade de pragas de 0,2, 0,5, 0,8 larvas por planta causou 1, 3, 5 por cento de frutos danificados, respetivamente, no pimentão (Park et al. 2010).

Recentemente, registou-se um surto de S. litura em soja na região de Kota, no Rajastão, tendo sido estimada uma perda de Rs 300 crore (Dhaliwal et al. 2010). A praga também apareceu sob a forma de epidemia na soja na região de Vidarbha, em Maharashtra, em agosto de 2008, causando perdas generalizadas. Em 2005, o surto de S. litura provocou a desfoliação de mais de 90% da cultura do girassol no centro e no sul da Índia (Sujatha e Lakshminarayana 2007). Reddy e Reddy (1999) registaram uma forte incidência de S. litura na malagueta no sul da Índia, onde provocou uma queda de 90% das flores e dos frutos.

Verificou-se que S. litura danifica as culturas tanto em campo aberto como em ambiente protegido. Em Himachal Pradesh, a incidência da praga é mais pronunciada em condições de estufa do que em ambiente aberto. A praga reproduz-se durante todo o ano, embora o seu desenvolvimento seja mais lento durante o inverno. A S. litura é geralmente encontrada em culturas como o pimento, o tomate, o pepino, a rosa, etc., em ambiente protegido no Himachal Pradesh (Sood 2010b). S. litura foi registada em três culturas principais em estufas (pimentão, tomate e pepino), tendo-se observado que causou uma desfoliação intensa em algumas estufas. No pepino, foi registada uma infestação máxima de 75% e uma população média (0,97/planta) de S.

litura, seguida do pimento (51,43% e 0,85/planta, respetivamente) em estufas (Vashisth 2009). Chandel et al. (2011) registaram S. litura como uma praga esporádica da batata em Himachal Pradesh.

Assim, um dos objectivos imediatos é melhorar a eficiência da produção das culturas, minimizando os danos causados por pragas. Para desenvolver estratégias de controlo adequadas, o conhecimento do ciclo de vida da praga e do seu comportamento é essencial para conhecer os pontos fracos. A biologia da praga foi registada em várias culturas de diferentes partes do mundo. O número de gerações e o tempo de geração variam em diferentes regiões agroclimáticas. Por conseguinte, uma abordagem regional para o estudo da sua biologia é útil para a elaboração de estratégias de gestão eficazes para esta praga.

De um modo geral, há uma grande dependência do controlo químico da praga, utilizando vários insecticidas organoclorados e organofosforados. A utilização indiscriminada destes insecticidas tóxicos aumentou os problemas devido aos seus efeitos adversos nos organismos não visados e à poluição do ambiente. Consequentemente, são necessários insecticidas menos persistentes, mais seguros e eficazes, que possam ser recomendados como alternativa. Atualmente, as estratégias de gestão estão a centrar-se na utilização de insecticidas mais seguros, produtos de neem e pesticidas microbianos. O presente estudo foi, portanto, planeado com os seguintes objectivos

1. Estudar o ciclo de vida anual de S. litura em estufa e em ambiente aberto
2. Avaliar alguns insecticidas e biopesticidas contra a praga em condições de estufa

CAPÍTULO 2

2. REVISÃO DA LITERATURA

Neste capítulo, procurou-se fazer uma revisão da literatura pertinente disponível sobre a biologia e a avaliação de diferentes insecticidas e biopesticidas contra a lagarta do tabaco, Spodoptera litura Fabricius. A literatura foi analisada nos seguintes subtítulos:

2.1 Bionomia de S. litura

2.2 Bioeficácia de diferentes insecticidas e biopesticidas contra S. litura

2.1 **Bionomia de** S. litura

A bionomia da S. litura tem sido estudada por vários trabalhadores em todo o mundo e é analisada nas subsecções seguintes.

2.1.1 **Biologia de** S. litura

Ahmad e Hooper (1979) criaram S. litura em meio artificial na Austrália. O desenvolvimento foi concluído em 23,4 dias a 28 ^{0}C, com uma longevidade das fêmeas de 8,3 dias, uma fecundidade de 2673 ovos/fêmea e uma longevidade dos machos de 10,4 dias. Balasubramanian et al. (1984) estudaram o efeito de oito plantas hospedeiras na biologia de S. litura em condições de campo aberto. Dos diferentes hospedeiros experimentados, a mamona proporcionou um melhor crescimento e desenvolvimento das larvas e uma fecundidade elevada dos adultos. A duração dos períodos de ovo, larva, pré-pupal e pupa foi menor, e o comprimento das larvas, o peso e o comprimento das pupas, a percentagem de pupas e a emergência dos adultos foram elevados na rícino.

Noutro estudo, Bhalani e Talati (1984) avaliaram quatro hospedeiros, isto é, couve, amendoim, rícino e brinjal, para a criação de S. litura. O peso larvar máximo (380 mg após 10 dias de eclosão), o período larvar mínimo (11,42 dias), o índice de crescimento máximo (7,7) e a emergência máxima (84%) foram registados na couve. No algodão, registou-se em Gujarat um período de incubação de 4,80 ± 1,68 dias, um período larvar de 18,64 ± 2,75 dias, um período pupal de 8,12 ± 1,41 dias e um ciclo de vida total de 41,90 ± 9,49 dias (Patel et al. 1986).

Patel e Chari (1987) estudaram a biologia de S. litura no tabaco em laboratório. As fêmeas puseram o máximo de ovos a 21,17 ^{0}C, com o máximo de eclosão a 20-32 ^{0}C e 60 por cento de humidade relativa. Houve 6 instares larvais e o desenvolvimento larvar demorou 11-13 dias. O período pré-pupal foi em média de 1 dia e o período pupal foi de 6,92 dias. A duração da vida adulta dos machos foi de 6 a 10 dias e a das fêmeas de 7 a 11 dias. A proporção entre os sexos (macho : fêmea) é de 1 : 1,27. O tempo de vida completo foi de 49 a 53 dias para os machos e de 50 a 56 dias para as fêmeas.

Singh et al. (1989) estudaram a biologia de S. litura em condições laboratoriais em sésamo a 28,9 - 31,5 ^{0}C e 65,3 - 73,3 por cento de humidade relativa da população recolhida no campo em Punjab. A sobrevivência das larvas foi mais baixa (31,8%) em agosto e mais elevada (92%) em setembro. Kumar et al. (1992) observaram que a duração média da fase de ovo de S. litura no girassol em laboratório variava entre 3 dias em maio-junho e 5,4 dias em outubro e que a duração da fase larvar era, em média, de 15,09 dias em junho e 16,67 dias em outubro.

Na Tailândia, Prapaipan (1995) estudou a biologia de S. litura em folhas de tabaco no laboratório a 24,38 ± 2,84 ^{0}C e 57,64 ± 6,53 por cento de humidade relativa. Registou o ciclo de vida total (37,77 ± 1,28 dias), bem como as diferentes fases de vida e respectivos períodos. Mann et al. (1995) estudaram a biologia de S. litura no algodão em Punjab e concluíram que os ovos eclodiam após 2 a 4,5 dias durante os meses de junho a outubro, mas a fase de ovo era prolongada até 27 dias em dezembro. O período larvar variou de 17,53 a 25,75 dias entre junho e outubro. A duração da fase de pupa foi de 7,73 a 10,86 dias no mesmo período, mas 22,66 dias em dezembro. Houve 5 gerações de junho a dezembro no algodão.

Soni et al. (2001) criaram e mantiveram três gerações de S. litura a 23,5 ± 1 ^{0}C e 57 ± 5 por cento de humidade relativa para avaliar a preferência do hospedeiro, utilizando rícino, repolho e couve-flor como plantas hospedeiras. Os resultados mostraram que o diâmetro do ovo era de 0,534 mm. O período de incubação foi significativamente mais elevado na couve (5,60 dias) e o mais baixo na rícino (3,40 dias). O período larvar, o período pré-pupal e o período pupal foram mais curtos na couve-flor (16,30, 1,15 e 10,40 dias, respetivamente).

Singh e Prasad (2001) estudaram a biologia de S. litura e concluíram que todo o ciclo de vida foi completado em 50,57 ± 1,30 dias entre abril e maio e em 40,02 ± 0,54 dias entre julho e agosto, em condições laboratoriais. Os adultos eram castanhos escuros com numerosas manchas na asa anterior com linhas de cor clara. Os machos são mais pequenos do que as fêmeas. Os ovos eram geralmente redondos e colocados em grupos na superfície inferior das folhas. O número de ovos por fêmea variou de 70 a 72 durante um período de 24 horas em condições laboratoriais. As larvas eram pentamoulter com seis instares larvais. Kumar (2004) observou que o período médio de geração de S. litura era de 46,7 dias e a fecundidade era de 1600,5 ovos. Houve 6 instares larvais em 28,8 dias.

Thomas e Bilapate (2007) estudaram o desenvolvimento biológico de S. litura nas folhas das cultivares de girassol LS-35, KBSH-1, Morden e LS-11 em condições laboratoriais. A eclosão dos ovos foi de 84, 86, 89 e 83 por cento em LS-35, KBSH-1, Morden e LS-11, respetivamente. A duração média das larvas (12,27 dias) e o ciclo de vida (25,59 dias) foram os mais curtos, ao passo que a pupação (95,72%), o índice de crescimento (7,85), a duração pré-pupal (2,00 dias), o comprimento médio das pupas (17,92 mm), a largura das pupas (6,18 mm) e o peso das pupas (372,0 mg) foram maiores em LS-11. O período de oviposição foi mais curto em LS-35 (6,8 dias) e mais longo em KBSH-1 (9,4 dias). A fecundidade foi maior no KBSH-1 (4586 ovos) e menor no LS-11 (3163,3 ovos). A avaliação de 12 caraterísticas biológicas revelou que a LS-11 foi a cultivar mais adequada para o desenvolvimento de S. litura, seguida da KBSH-1, Morden e LS-35.

Chand e Tripathi (2008) estudaram a biologia de S. litura em três hospedeiros diferentes, ou seja, couve-flor, repolho e rícino. Os resultados indicaram que a duração do período larvar seguiu em ordem decrescente como rícino (20 ± 00 dias) > repolho (18,75 ± 0,08 dias) > couve-flor (16,50 ± 0,08 dias), a porcentagem de pupação como couve-flor (93.00 ± 0,08%) > repolho (91,00 ± 0,06%) > mamona (80,50 ± 0,05%), índice de crescimento como couve-flor (5,62 ± 0,03) > repolho (4,85 ± 0,07) > mamona (4,25 ± 0,02), período pupal seguido de mamona (13.00 ± 0,08 dias) > repolho (12,25 ± 0,10 dias) > couve-flor (11,0 ± 0,09 dias), a porcentagem de emergência de adultos como couve-flor (92,0 ± 0,06%) > repolho (88,00 ± 0,05%) > mamona (81,75 ± 0.08%) e a longevidade dos adultos foi de couve-flor (4,25 ± 0,03 dias) > repolho (3,50 ± 0,12 dias) > mamona (3,25 ± 0,08 dias) e concluíram que o desenvolvimento larval foi melhor quando alimentados com couve-flor e pior com mamona.

Na China, Xue et al. (2010) referiram que as larvas de S. litura se desenvolviam de forma diferente nas quatro plantas hospedeiras, da mais curta para a mais longa duração, pela seguinte ordem: Couve chinesa < feijão-de-corda < batata-doce < tabaco e o desenvolvimento pupal foi mais curto no feijão-de-corda do que nas outras três plantas hospedeiras.

Shahout et al. (2011) observaram uma diminuição do desenvolvimento larvar de 15,55 dias quando alimentados com couve, enquanto este foi prolongado para 19,55 e 20,18 dias com feijão-frade e erva-jacaré. A duração da pupa foi reduzida (7,54 dias) no repolho e aumentada (9,13 dias) na erva-jacaré. Quando as larvas de S. litura foram alimentadas com batata-doce e feijão-frade, a longevidade dos adultos foi de 6,92 e 5,64 dias, respetivamente. O peso das pupas aumentou até um máximo de 0,28 g quando as larvas foram alimentadas com couve e diminuiu para 0,16 g quando alimentadas com feijão-frade. Os valores médios de alguns parâmetros biológicos baseados na criação de dez gerações contínuas de S. litura em dieta artificial à base de tapioca foram observados e constatou-se que a pupação, a emergência de adultos e a fecundidade foram de 67,0 ± 3,2 por cento, 77,0 ± 5,6 por cento e 234,2 ± 50,1 ovos, respetivamente (Sujatha e Joseph 2011).

Thodsare e Srivastava (2012) estudaram o crescimento e o desenvolvimento de S. litura em cinco plantas hospedeiras: algodão Bt, soja, pinhão-manso, rosa da China e rícino. O peso das larvas (n=10) de S. litura aos 2 e 4 dias após a alimentação nas quatro plantas hospedeiras foi, por ordem decrescente, o seguinte: rícino (2,57, 6,06 g) > algodão Bt (1,01, 3,81 g) > rosa da China (0,83, 2,84 g) > soja (0,75, 2,96 g) > pinhão-manso (0,67, 1,4 g). O desenvolvimento larvar e pupal foi mais curto na mamona do que nas outras plantas hospedeiras. O peso mais elevado das pupas (n=10) foi registado em rícino (3,54 g) e o mais baixo em pinhão-manso (0,59 g). A emergência e a sobrevivência dos adultos foram maiores na mamona (93,33% e 93,33%, respetivamente).

2.1.2 Efeito da temperatura e da humidade relativa no desenvolvimento de S. litura

Parasuraman e Jayaraj (1983) estudaram o efeito da temperatura e da humidade relativa no desenvolvimento e na longevidade dos adultos de S. litura. Verificou-se que as condições favoráveis para o desenvolvimento eram 25 ^{0}C e 75 % de humidade relativa, o que permitiu reduzir o período larvar, a percentagem de pupação, o período pupal e a emergência total dos adultos. Amaldoss e Yang (1988) observaram que, após a emergência das pupas, os adultos eram forçados a entrar em diapausa a temperaturas que variavam entre 5 -10 ^{0}C. O envelhecimento foi indiretamente proporcional à capacidade de diapausa e diretamente proporcional à maturação das gónadas e à oviposição.

Em estudos laboratoriais sobre os efeitos da temperatura na biologia de S. litura, a fecundidade e a fertilidade mais elevadas dos ovos (1034 ovos e 100 %, respetivamente) foram observadas a 19,5 ^{0}C, enquanto a fecundidade (387,4 ovos/fêmea) e a fertilidade (45,2 %) mais baixas, com a duração mais curta do ciclo de vida (26,6 dias), foram observadas a 34,9 ^{0}C (Sanjrani et al. 1989).

Kharub et al. (1993) referiram que os factores abióticos (ou seja, temperatura, humidade relativa, precipitação e luz solar) tinham uma influência quantitativa de 30,76% na dinâmica populacional de S. litura. Shih (1995) relatou os efeitos da temperatura no crescimento das fases de ovo, larva e pupa sob várias temperaturas constantes. O período de desenvolvimento de cada fase diminuiu com o aumento da temperatura de criação. As temperaturas limiares dos ovos, das larvas do $^{1°}$ao $^{6°}$ instar e das pupas foram de 11,4, 11,2, 8,0, 8,7, 9,9, 9,7, 9,3 e 7,9 ^{0}C, respetivamente, enquanto as somas das temperaturas efectivas foram estimadas em 48,3, 58,5, 54,3, 43,9, 44,3, 55,9, 69,9 e 172,4 graus-dia, respetivamente.

Thanki et al. (2003) observaram que, entre os vários factores abióticos, a temperatura mínima, a pressão de vapor (de manhã e à noite) e a humidade relativa (à noite) foram os factores que mais influenciaram o comportamento de oviposição e o desenvolvimento larvar de S. litura. A temperatura máxima mostrou uma influência negativa significativa na oviposição desta espécie de inseto.

Gedia et al. (2008a & b) estudaram as tabelas de fecundidade de S. litura em amendoim a temperatura constante de 27 ± 1 ^{0}C em laboratório. A taxa líquida de reprodução (Ro) foi de 510,79 fêmeas com um período de geração (T) de 35,67 dias. A capacidade inata de aumento (Rm) e a taxa finita de aumento (X) foram de 0,1748 e 1,1910 fêmeas/dia, respetivamente, com uma taxa de multiplicação semanal de 3,3994 vezes. A contribuição percentual de ovos, larvas, pupas e adultos foi de 52,0, 46,4, 1,3 e 0,3 por cento, respetivamente, numa distribuição etária estável de S. litura no amendoim. Também efectuaram as mesmas observações no algodão.

Vashisth (2009) estudou a biologia do desenvolvimento de S. litura à temperatura ambiente e também a quatro temperaturas constantes, ou seja, 20, 25, 30 e 35 ^{0}C em dois hospedeiros, ou seja, pimento e tomate. Observou o ciclo de vida mais longo (58,25 ± 1,71 dias) a 20 ^{0}C no tomateiro. Satyanarayana et al. (2010) observaram que a incidência de S. litura em termos de população larvar após a estação das chuvas no amendoim mostrou uma relação negativa significativa com a temperatura mínima.

A população de S. litura aumentou progressivamente a partir de abril (1.ªsemana) com o pico de atividade no mês de maio (1.ªsemana) no algodão em Pondicherry. O aumento máximo da população de S. litura (25,46%) foi observado à temperatura de 26,0 - 35,1 ^{0}C e humidade relativa de 62 - 89 por cento (Selvaraj et al. 2010).

Vashisth et al. (2012) relataram que S. litura passa por seis instares larvais. A longevidade do macho adulto foi superior à da fêmea. Com o aumento da temperatura de 20-35 ^{0}C, o seu ciclo de vida foi encurtado e foi mais curto a 35 ^{0}C, indicando que uma temperatura mais elevada é favorável à acumulação da população da praga.

2.2 Bioeficácia de diferentes insecticidas e biopesticidas contra S. litura

2.2.1 Estudos laboratoriais

Na Coreia, Im et al. (1990) determinaram que a **CL50** do vírus da poliedrose nuclear de S. litura (SlNPV) era de 1,318x10^3 e 1,087x10^5 POB/ml contra larvas de 3rd e 5th instares de S. litura, respetivamente, em folhas de soja. A azadiractina, uma substância altamente complexa presente nos biopesticidas à base de nim, é considerada como tendo propriedades antialimentares, de perturbação do crescimento e de redução da fecundidade (Schmutterer 1990).

More e Chundurwar (1991) estudaram o efeito de plantas hospedeiras tratadas com doses variáveis de NPV nas larvas de S. litura e verificaram que a mortalidade larvar máxima (90%) foi registada em folhas de soja com uma dose de vírus de 1×10^7 POB/ml. A mortalidade larvar de S. litura foi maior com concentrações mais elevadas de NPV, Bacillus thuringiensis (Bt) e Beauveria bassiana e a percentagem de mortalidade larvar diminuiu com a diminuição das concentrações microbianas. A percentagem de mortalidade mais elevada foi observada nos primeiros instares em comparação com os instares tardios (Jayanthi e Padmavathamma 1996).

Singh e Singh (1997) avaliaram o nível de suscetibilidade de seis piretróides sintéticos e quatro não piretróides contra larvas de S. litura de 2.°instar em folhas de rícino. Observaram que a ordem decrescente de toxicidade era lambda-cialotrina > decametrina > cipermetrina > bifentrina > bulldock > clorpirifos > fenvalerato > malatião > endossulfão > lindano. O bioensaio de imersão de folhas ou frutos para as formulações comerciais de B. thuringiensis var. kurstaki (Btk) e Bt var. aizawai resultou em 100 e 93,7% de mortalidade larvar de S. litura, respetivamente (Sharma et al. 2001).

Kaur et al. (2001) relataram que o extrato de hexano do caroço da semente de nim (NSK) tem uma antifeedência eficaz contra o instar larvar de S. litura. Novaluron é um tóxico poderoso para controlar larvas de lepidópteros, resultando em valores **LC90** de 0,42 e 0,30 mg a.i./l para S.littoralis e S. exigua, respetivamente (Ishaaya et al. 2002). Prithwiraj e Chatterjee (2003) verificaram que a **CL50** do novalurão era de 1976,43 ppm contra o terceiro instar de S. litura.

A **LC50** do indoxacarb (Avaunt 14.5 SC) contra larvas de S. litura com 9 dias de idade foi de 32,25 ppm às 24 horas. A percentagem de mortalidade corrigida a uma concentração de 40 ppm após 24 e 48 horas de exposição foi de 53,33 e 92,8 por cento, respetivamente (Pande e Srivastava, 2003). As actividades letais e inibidoras do crescimento de uma formulação Bt que contém delta-endotoxina como ingrediente ativo foram investigadas em bioensaios com diferentes instares de S. litura através de um método de imersão de folhas, utilizando quatro espécies de plantas (couve, tomate, morango e perilla) no Japão (Asano et al. 2004).

Ahmad e Saleem (2004) concluíram que o clorpirifos, o metomil, o benzoato de emamectina e o lufenurão se revelaram mais eficazes contra S. litura em condições laboratoriais. A cessação da alimentação acompanhada de um movimento mínimo das larvas tratadas foi observada com novalurão a 500-3000 ppm (Prithwiraj e Chatterjee, 2004).

Gupta et al. (2004) determinaram a suscetibilidade relativa de larvas de S. litura com 5 dias de idade a determinados insecticidas novos e convencionais, utilizando a torre de Potter. Com base nos valores **LC50**, verificou-se que a ordem decrescente de toxicidade dos diferentes insecticidas era a seguinte: benzoato de emamectina > fenvalerato > indoxacarbe > cipermetrina > abamectina > quinalfos > bifentrina > espinosade > endossulfão > betaciflutrina > lambda-cialotrina. No Reino Unido, Deota e Upadhyay (2005) referiram que 9,14% de azadiractina tem a mesma atividade anti-alimentar e toxicidade que 91% de azadiractina relativamente pura contra larvas de S. litura de 2.°instar em folhas de rícino.

Entre os vários novos insecticidas para a gestão da estirpe de S. litura resistente a insecticidas em Guntur, verificou-se que o novalurão era o melhor 72 horas após o tratamento contra larvas de terceiro instar, seguido do indoxacarbe, que era 63,6 e 63,1 vezes mais tóxico do que o fenvalerato e o quinalfos com base nos valores **LD50** (Venkateswarlu et al. 2005). Verificou-se que a flubendiamida 20 WDG a 50 g a.i./ha era altamente eficaz na minimização dos danos causados por S. litura e no aumento do rendimento do algodão em caroço (Tomar et al. 2005).

No Paquistão, utilizando o método de imersão foliar, Ahmad et al. (2005) observaram que o benzoato de emamectina se revelou o inseticida químico novo mais eficaz contra as larvas de S. litura do 2.°instar em condições laboratoriais controladas, seguido do lufenurão, do espinosade e do indoxacarbe.

Em ensaios laboratoriais, Tohnishi et al. (2005) referiram que a flubendiamida tinha uma atividade inseticida extremamente forte contra pragas de lepidópteros, incluindo estirpes resistentes. Além disso, a flubendiamida foi considerada mais segura para os organismos não visados.

Nathan e Kalaivani (2005) estudaram os efeitos da azadiractina e do vírus da poliedrose nuclear (NPV) na alimentação e mortalidade de S. litura em laboratório. Foi observada uma perda de peso máxima (68%) em larvas de 5.º instar, quando a azadiractina e o VPL foram aplicados em combinação e as larvas morreram significativamente mais depressa do que as tratadas individualmente com VPL e azadiractina.

Noutro estudo realizado em condições laboratoriais, foi determinada a bioeficácia de diferentes formulações de B. thuringiensis (Dipel 8L, Biolep WP e Biotox) em concentrações de 0,01, 0,02 e 0,05 por cento contra larvas de terceiro instar de S. litura. Verificou-se que a mortalidade das larvas de terceiro instar aumentava com o aumento da taxa dos tratamentos. A aplicação de Biolep resultou na maior mortalidade após 5 dias de tratamento (Mohan et al. 2005).

Singh (2006) observou que a concentração mais elevada de nimbicidina (3,0 ppm) mostrou uma dissuasão alimentar máxima com uma área de alimentação mínima (2,8 cm^2) contra S. litura em comparação com o controlo (12,9 cm^2), seguida de 12,4 cm^2 na concentração mais baixa (0,015 ppm).

Srivastava e Reddy (2006) relataram as actividades anti-alimentares de vários produtos de formulação à base de nim, nomeadamente, Achook 0,15 CE, Gronim 0,15 ou 0,30 CE, Econeem 0,3 CE, Econeemplus 1,0 CE, Nimbecidine 0,03 CE, Neemazal 1,0 ou 5,0 CE e Neemgold 0,03 CE contra larvas de S. litura utilizando o teste de não escolha do disco foliar . O produto Neemazal com 1,0 e 5,0 por cento de azadiractina resultou numa redução de 83,6 e 85,8 por cento na alimentação, respetivamente, quando aplicado a 0,08 por cento.

Stanely et al. (2006) efectuaram estudos sobre a toxicidade aguda do benzoato de emamectina e do spinosade para S. litura e observaram que a praga era altamente suscetível a estes insecticidas a 0,40 ppm e 125 ppm, respetivamente. Sharma (2006) referiu que o extrato aquoso de folhas de nim produziu efeitos anti-alimentares, repelentes, larvicidas e ovicidas estatisticamente mais elevados contra larvas de S. litura de 2.ºinstar em rícino, em comparação com outros extractos de plantas. Lahm et al. (2007) referiram que o rynaxypyr (chorantraniliprole) é um ativador altamente potente e seletivo dos receptores de rianodina dos insectos com uma atividade excecional numa vasta gama de pragas de lepidópteros.

Dhawan et al. (2007a) determinaram a toxicidade, por ordem decrescente, do benzoato de emamectina > novalurão > flubendiamida contra larvas de terceiro instar de S. litura, segundo o método de imersão foliar. Dhawan et al. (2007b) determinaram a suscetibilidade das larvas de terceiro instar a determinados insecticidas novos e convencionais através do método de aplicação tópica. Os valores **LC50** do benzoato de emamectina, novalurão, piridalil, flubendiamida, clorantraniliprole (rynaxypyr), clorpirifos e tiodicarbe foram de 0,0001, 0,0020, 0,0037, 0,0040, 0,0044, 0,0390 e 0,0410 por cento, com uma toxicidade relativa de 390,0, 19,50, 10,54, 9,75, 8,86, 1,00 e 0,95, respetivamente.

Kaur et al. (2007) referiram que as novas moléculas, indoxacarbe e tiodicarbe, se revelaram extremamente tóxicas e que quase todas as populações de S. litura revelaram um elevado nível de suscetibilidade a estes insecticidas. Ao estudarem a suscetibilidade relativa das populações de S. litura de Bangalore, Guntur e Deli a determinados insecticidas novos, Shankarganesh et al. (2007) observaram que o indoxacarbe era o melhor contra as populações de Bangalore e Guntur, com uma toxicidade relativa mais elevada do que a cipermetrina, o fenvalarato, a lambda-cialotrina e o profenofos, seguido do benzoato de emamectina. Por outro lado, o benzoato de emamectina foi o melhor contra a população de Deli. Dharma et al. (2007) referiram que o benzoato de emamectina era o melhor inseticida com maior toxicidade relativa contra S. litura, seguido do novalurão e do indoxacarbe.

YunHong et al. (2007) estudaram a toxicidade de 12 insecticidas para larvas de S. litura de 3.ºinstar e 9 insecticidas para larvas de 5.º instar por aplicação tópica. A toxicidade para as larvas de 3.º instar estava ordenada por ordem decrescente: benzoato de emamectina > indoxacarbe > clorfuazurão > clorpirifos > foxima > flufenoxurão > tebufenozida > profenofos > endosulfan > espinosade > alfa-cipermetrina > fipronil, enquanto a toxicidade dos insecticidas para as larvas de 5.º instar foi classificada como benzoato de emamectina > clorfenapir > indoxacarbe > metomil > beta-cipermetrina > clorpirifos > profenofos > foxima > endossulfão.

Kaur et al. (2007) avaliaram diferentes insecticidas contra diferentes populações de S. litura e concluíram que o indoxacarbe (valores **LC50** 0,00001-0,00003 %) e o tiodicarbe (0,00039-0,0010 %) eram extremamente tóxicos, indicando um elevado nível de suscetibilidade a estes insecticidas. Suby et al. (2008) determinaram a eficácia do benzoato de emamectina contra larvas de S. litura com 4, 7 e 10 dias de idade e calcularam valores de **CL50** de 0,22, 0,25 e 0,34 ppm, respetivamente.

A toxicidade relativa de seis insecticidas contra larvas de terceiro instar de S. litura em condições laboratoriais revelou que, após 24 horas de exposição, o benzoato de emamectina > indoxacarbe > fipronil > novalurão > lufenurão > metoxifenozida (Ghosh et al. 2008). Birah et al. (2008) comunicaram que a **LC50** do benzoato de emamectina 1,9% EC contra larvas de S. litura com 5, 7 e 9 dias de idade era de 0,00005, 0,00017 e 0,0007 por cento, respetivamente.

Um novo inseticida da classe das diamidas antranílicas, o rynaxypyr (clorantraniliprole), foi altamente tóxico para Helicoverpa zea (Boddie), Spodoptera frugiperda (JE Smith) e Helicoverpa virescens (Fabricius) em bioensaios de dieta tratada com inseticida, com valores de **CL50** entre 0,02 e 0,09 ppm. A suscetibilidade ao rynaxypyr entre as três espécies também foi observada no ensaio de aplicação tópica com **valores** de LD50 **variando de 0,52 a 1,52 pg/g de peso larval** (Temple et al. 2009).

Lahm et al. (2009) concluíram que dois insecticidas, o clorantraniliprole e a flubendiamida, pertencentes à classe das diamidas, demonstraram uma atividade excecional numa vasta gama de pragas de lepidópteros através da ativação dos receptores de rianodina, o que leva à libertação descontrolada de cálcio nos músculos.

Ramanagouda e Srivastava (2009) determinaram a bioeficácia do indoxacarbe, do metomil, do fipronil, do tiametoxame e do imidaclopride contra larvas de S. litura com 7 dias de idade, através dos métodos de contacto e de imersão foliar. No método de contacto, o indoxacarbe foi considerado o inseticida mais tóxico, com valores de **CL50** e **CL90** de 15 ppm e 126 ppm, respetivamente. O imidaclopride foi o menos tóxico, com 572 e 3313 ppm nos respectivos níveis de CL. A ordem de toxicidade pelo método de bioensaio de contacto de resíduos com base nos valores **LC50** foi indoxacarbe > metomil > tiametoxame > fipronil > imidaclopride. No método de imersão foliar, o indoxacarbe foi novamente considerado o inseticida mais tóxico (**CL50**: 2,0 e **CL90**: 13 ppm) e o imidaclopride o menos tóxico (**CL50**: 3719 e **CL90**: 10377 ppm).

A toxicidade selectiva de 14 insecticidas foi investigada por Lan (2009) contra S. litura, utilizando o método de imersão foliar. O estudo mostrou que o indoxacarbe era altamente tóxico para S. litura, seguido do benzoato de emamectina. Talikoti et al. (2009) estudaram a toxicidade relativa de novos insecticidas selecionados contra larvas de terceiro instar de S. litura e concluíram que o indoxacarbe apresentava a toxicidade mais elevada às 24 e 48 horas (**LC50**: 0,0039 e 0,0029 %, respetivamente) por aplicação tópica.

Khan et al. (2010) referiram que 300 ppm de spinosad e 200 ppm de indoxacarb provocaram a mortalidade completa das larvas de primeiro instar de S. litura após 48 horas em condições laboratoriais. Xie et al. (2010) testaram nove insecticidas contra S. litura e observaram que o benzoato de emamectina, o clorfenapir, o indoxacarbe e a tebufenozida foram eficazes no controlo de S. litura, seguidos do Bt e do spinosade.

A bioeficácia do novalurão (Rimon 10 EC) em condições laboratoriais e de campo foi estudada por Saini et al. (2010) contra S. litura no algodão e os resultados indicaram que a mortalidade inicial do novalurão a 0,005 e 0,01 por cento de concentração foi baixa, mas as larvas deixaram de se alimentar em dois dias e gradualmente todas as larvas morreram após 9 dias de tratamento.

Chowdary et al. (2011) relataram que os valores **LC50** da primeira geração de S. litura às 24, 48, 36 e 72 horas após o tratamento com rynaxypyr foram 0,098, 0,064, 0,012 e 0,003 ppm, respetivamente, enquanto na sexta geração os valores **LC50** foram 0,069, 0,028, 0,006 e 0,002 ppm, respetivamente. Yasa e Rao (2011) estimaram os valores de **DL50** do indoxacarbe contra as larvas de H. armigera e S. litura em 0,08 e 0,20 Mg/larva, respetivamente.

Pathania (2011) gerou os dados de suscetibilidade de linha de base de S. litura para insecticidas (ou seja, flubendiamida, novalurão, indoxacarbe, alfametrina e endosulfan) e biopesticidas (ou seja, espinosade, benzoato de emamectina, NPV e Bt) e também trabalhou a sua toxicidade relativa contra S. litura. O estudo mostrou que o benzoato de emamectina foi altamente eficaz contra larvas de terceiro instar pelo método de imersão em folhas, com um valor **LC50** de 4,23 x 10^{-6} por cento.

De acordo com Khan et al. (2011), todos os insecticidas avaliados revelaram-se tóxicos para S. litura em condições laboratoriais, mas o clorpirifos, profenofos, benzoato de emamectina, spinosade, indoxacarbe, metoxifenozida e lufenurão foram considerados altamente tóxicos à medida que o tempo de exposição se prolongava. Após três dias de tratamento com inseticida, foi observada uma mortalidade de cem por cento nos tratamentos com benzoato de emamectina quando aplicado a 100 e 110 ml/acre.

Liu et al. (2011) observaram que as toxicidades relativas de benzoato de emamectina, clorfenapir e indoxacarbe eram altas em terceiros instares de S. exigua e S. litura com **LC50** variando de 0,69 a 16. 32 Mg/ g. Su et al. (2012) relataram baixa variação de suscetibilidade (<4 vezes) de clorantraniliprole entre 12 populações de campo de S. litura, com valores de **CL50** variando de 28,4 a 102,5 mg/ l.

Talikoti et al. (2012) investigaram que o novalurão é altamente tóxico (**LC50**: 0,0197%) às 72 horas de exposição por aplicação tópica, seguido pelo lufenurão (**LC50**: 0,0206%). Shad et al. (2012) determinaram os valores **LC50** de bifentrina, indoxacarbe e benzoato de emamectina contra uma população de S. litura suscetível em laboratório como 1,291, 0,1690 e 0,017 Mg/ml, respetivamente. Sharma e Pathania (2012) referiram que o benzoato de emamectina era altamente tóxico para as larvas de primeiro instar com um valor **LC50** de 6,80 x 10^{-7} por cento por imersão foliar e 4,49 x 10^{-4} por cento por aplicação tópica.

2.2.2 Estudos de campo

Sachithanandam et al. (1989) efectuaram um estudo para testar a eficácia de formulações de pó e de pó molhável do vírus da poliedrose nuclear (NPV) contra S. litura e concluíram que ambas as formulações de NPV a 4,6 × 10^7 corpos de oclusão poliédrica (POB)/parcela eram tão eficazes como o clorpirifos 0,04 por cento em spray ou o carbaril 5 por cento em pó contra larvas de terceiro instar de S. litura.

Em estudos de campo efectuados por Pawar et al. (1991), o NPV foi tão eficaz como o endossulfan na redução da infestação de couves por S. litura. Dhandapani e Babu (1995) efectuaram um ensaio de campo para testar a eficácia do NPV contra S. litura no amendoim e verificaram que duas aplicações de 250 LE/ha com o adjuvante açúcar bruto a 2,5 kg/ha, com um intervalo de 10 dias, reduziram significativamente as populações de larvas.

Para o manejo de S. litura na cultura da couve-flor, Battu et al. (1998) observaram que o NPV causou a morte de larvas variando de 55,6 a 95,7% após a terceira pulverização e a taxa mais alta de 375 LE/ha foi a dose mais eficaz no controle de S. litura. Kulkarni et al. (1999) verificaram que a pulverização de NPV com ácido bórico protetor da luz solar (0,1 %) a 4 - 5 ppm produziu a maior mortalidade de S. litura.

Jayanthi e Padmavathamma (2001) estudaram a eficácia comparativa de pesticidas microbianos, nomeadamente NPV, Btk e B. bassiana, isoladamente ou em combinação com insecticidas (fenvalerato @ 0,005 e 0,01 % e monocrotofos @ 0,025 e 0,005 %) contra S. litura no amendoim. Os seus resultados revelaram que a aplicação combinada de pesticidas microbianos e metade da dose recomendada de insecticidas químicos (fenvalerato @ 0,005 % e monocrotofos @ 0,025 %) foi considerada um tratamento mais eficaz. O Bt + fenvalerato a 0,005 por cento foi o melhor tratamento, registando a maior redução na população de larvas, os menores danos nas folhas (20,15 %) e a maior produção de vagens (150,03 g/planta).

A aplicação de SlNPV a 750 LE/ha resultou numa mortalidade larvar máxima de 91,68% (Pokharkar et al. 2001). Os efeitos combinados de Bt e SlNPV com malatião, decametrina e azadiractina foram estudados contra larvas de 3rd e 5th instares de S. litura em couve-flor, em que o malatião @ 0,7 l/ ha + Btk @ 1,0 kg/ ha provou ser mais eficaz (Jat e Bharadwaj 2001).

Hussain et al. (2003) avaliaram o NPV @ 200, 250 e 300 LE/ ha; Bt @ 500 e 1000 ml/ ha e endosulfan @ 0,07 por cento contra a lagarta do tabaco, S. litura, na couve. Todos os tratamentos foram superiores ao controlo não tratado na redução das larvas, com uma redução média de 28,46 - 70,40 e 49,25 - 84,11 por cento após a primeira e segunda pulverizações, respetivamente.

Reddy et al. (2005) realizaram uma experiência de campo para avaliar a eficácia do spinosad, indoxacarb, lufenuron, neem e acefato isoladamente em doses mais elevadas e em combinação com Bt a metade das concentrações normais contra S. litura no girassol. Os seus resultados revelaram que todos os tratamentos registaram uma eficácia média e um rendimento significativamente mais elevados em comparação com o controlo não tratado.

O indoxacarbe + lufenurão e o indoxacarbe + Bt registaram os valores mais elevados para a eficácia média global (69,9 e 68,1 %) e os rendimentos (1656 e 1600 kg/ha, respetivamente). De acordo com Tohnishi et al. (2005), a flubendiamida, um inseticida com uma estrutura química única, tem uma forte atividade inseticida, especialmente contra pragas de lepidópteros, incluindo estirpes resistentes. O indoxacarb (0,0145%) resultou na maior redução da população de S. litura (77,2%) no feno-grego em relação ao controlo após 1, 5 e 10 dias da segunda pulverização (Rao et al. 2006).

Cordero et al. (2006) referiram que o indoxacarbe, o espinosade, o novalurão, o benzoato de emamectina e a metoxifenozida proporcionaram um controlo fiável de pragas de lepidópteros como Plutella xylostella (Linnaeus), Pieris rapae (Linnaeus), Trichoplusia ni (Hubner), Spodoptera frugiperda (JE Smith), S. exigua (Hubner) e Helicoverpa zea (Boddie).

Gupta et al. (2007) avaliaram a toxicidade do novo inseticida benzoato de emamectina e do inseticida convencional cipermetrina contra H. armigera, S. litura e Earias vittella (Fab.) e verificaram que a mistura do adjuvante de pulverização (Tip Top, nome comum Xiao Kang Ye) com o benzoato de emamectina resultou num aumento da toxicidade e a mortalidade larvar foi mais elevada em H. armigera (13,4 - 73,3%), S. litura (6,7 - 86,7%) e E. vittella (6,7 - 80,00%).

Hirooka et al. (2007a & b) observaram que ambos os produtos de flubendiamida, nomeadamente Phenix 20WG e Takumi 20WG, têm uma excelente atividade contra uma vasta gama de pragas de lepidópteros em muitas culturas de campo, tais como legumes, frutos, chá, café e arroz. Verificaram que têm uma excelente ação rápida, bem como uma boa eficácia residual que proporciona uma elevada segurança às culturas em condições de campo. Estudaram também o perfil biológico da flubendiamida, incluindo o seu espetro de atividade, sintomatologia do envenenamento e modo de ação, atividade em diferentes fases de desenvolvimento, velocidade de atividade, efeito residual e propriedades sistémicas contra uma vasta gama de pragas de lepidópteros.

Ebbinghaus et al. (2007) referiram que a flubendiamida (Belt) @ 24 - 48 g a.i./ ha controlou o complexo de lepidópteros pragas na couve. O produto também teve um excelente desempenho no tomate numa gama de doses de 24 - 60 g a.i./ ha contra insectos lepidópteros economicamente importantes, como H. armigera e S. exigua.

Foi efectuado um ensaio de campo e de laboratório para estudar a bioeficácia comparativa do Btk contra S. litura em três plantas hospedeiras: rícino, algodão e amendoim. Os resultados mostraram que não houve influência significativa das plantas hospedeiras na bioeficácia do Bt, embora tenha registado uma mortalidade larvar mais elevada no algodão do que no amendoim e na rícino (Jethva e Kapadia 2007).

Singh e Singh (2007) avaliaram a atividade antifeedante de algumas formulações de nim contra larvas de seis dias de idade de S. litura. Os resultados revelaram que a concentração mais elevada de todas as formulações testadas mostrou maior antialimentaridade com menor área de alimentação por S. litura em comparação com o controlo. O Margoeconeem na concentração mais elevada (3,0 ppm) resultou numa antifeedância máxima (95,5%), estando ao mesmo nível que a Nimbicidina (94,1%). Considerando que, Neemazal e Neemark mostraram 62,0 e 77,0 por cento de antifeedância, respetivamente, na sua maior concentração. Na concentração mais baixa (0,015 ppm), a antifeedância fornecida por Neemazal foi de 27,5%, seguida por Margoeconeem (15,2%), Nimbicidina (7,6%) e Neemark (4,2%).

Na experiência de campo realizada por Ghosh et al. (2008) com malagueta, registou-se a maior redução da população de S. litura nas parcelas tratadas com novaluron (95,75%), seguida de fipronil (91,95%), indoxacarb (90,35%), lufenuron (89,75%), benzoato de emamectina (87,5%) e metoxifenozida (86,4%).

Novaluron @ 50 e 37,5 g a.i./ ha proporcionou um controlo eficaz de S. litura em algodão Bt em comparação com controlos padrão e pode enquadrar-se idealmente em estratégias de GIP (Dhawan et al. 2008). Kumawat e Kumar (2008) registaram a toxicidade máxima persistente do indoxacarbe a 100 g a.i./ ha e do triazofos 40 EC a 300 g a.i./ ha.

Sreenivas et al. (2008) avaliaram a eficácia da flubendiamida 480 SC em diferentes dosagens para a gestão do complexo da broca do fruto na malagueta e revelaram que a flubendiamida a 48 g a.i./ha emergiu como um tratamento eficaz na redução das larvas de S. litura para 0,47 larvas por linha e de H. armigera para 0,40 larvas por planta 10 dias após a pulverização em Karnataka. Experiências semelhantes foram conduzidas por Tatagar et al. (2009) para testar a bioeficácia da flubendiamida contra H. armigera e S. litura na malagueta em Karnataka. Os resultados indicaram que, entre as várias dosagens, a flubendiamida @ 60 g a.i./ ha registou o maior rendimento com os menores danos nos frutos, seguida da flubendiamida @ 40 g a.i./ ha e do benzoato de emamectina a 11 g a.i./ ha.

O índice médio máximo de consumo de alimentos (0,738 mg/dia/mg de peso corporal) e o índice de taxa de crescimento (0,449 mg/dia) foram mais elevados com indoxacarbe (500 ml/ha) em comparação com outros insecticidas, nomeadamente clorpirifos, endossulfão e tiodicarbe no algodão (Sandhu e Sohi 2009).

Hanumantharaya et al. (2010) realizaram ensaios de campo para testar a bioeficácia de insecticidas contra as lagartas comedoras de folhas de cártamo [Perigia capensis (Walker) e S. exigua] e verificaram que o indoxacarb 15 EC a 0,3 ml/l e o spinosad 48 SC a 0,15 ml/l foram eficazes na redução da população de larvas.

De acordo com Satyanarayana et al. (2010), os resultados de ensaios de controlo químico em campos de amendoim indicaram que o benzoato de emamectina (0,00725 %) foi o tratamento mais eficaz, seguido de indoxacarbe (0,0145 %) e indoxacarbe (0,00725 %) + novalurão (0,005 %) contra diferentes instares larvares de S. litura. Basavaraju et al. (2010) observaram que a combinação de iscos insecticidas, SlNPV e produtos à base de nim permitia obter um controlo eficaz de S. litura na batateira. Ahmed e Prasad (2010) sugeriram que Indoxacarb @ 55 g a.i./ ha pode ser considerado como uma dose óptima para a gestão de brocas de frutos, ou seja, H. armigera e S. exigua em malagueta.

Nas parcelas de batata tratadas com diferentes insecticidas, a incidência de S. litura aos 40 dias após a plantação (DAP) variou de 20,99 a 40,56%. Lufenuron 10 EC resultou na menor incidência (20,99%), seguido por novaluron 10 EC (22,26%) e chlorfenapyr 10 SC (23,83%). Aos 60 DAP, a incidência variou de 18,50 a 38,66 por cento. O lufenurão registou a menor incidência de pragas (18,50%), seguido do novalurão (20,66%) e do clorfenapir (22,23%) (Bhushan et al. 2010). Saini et al. (2010) sugeriram que novaluron @ 37,5 e 50 g a.i./ ha foi tão bom quanto thiodicarb (Larvin 75 WP) @ 470 g a.i./ ha após sete dias de pulverização para o controle de S. litura em algodão sob condições de campo.

Experiências de campo conduzidas por Hosamani et al. (2011) contra a broca do fruto do quiabeiro revelaram que a população mínima de larvas foi observada com rynaxypyr 20 SC @ 30 g a.i./ ha (0,60 larva/planta) com rendimento máximo de frutos de 87,72 q/ha.

O tratamento com extrato de semente de nim (NSKE) a 5 por cento, Beauveria bassiana a 5 g/l, formulação de nim Neemazal a 2 ml/l e benzoato de emamectina a 0,5 g/l foram tratamentos eficazes, uma vez que registaram 79.55, 79,06, 78,11 e 72,04 por cento de mortalidade aos três dias após a primeira pulverização e 72,47, 71,28, 70,14 e 68,51 por cento de mortalidade aos sete dias após a primeira pulverização, respetivamente (Joshi e Patel 2011).

Nandini et al. (2012) relataram uma diminuição significativa na população de larvas de S. litura, danos nas folhas e nos frutos de pimentão sob condições protegidas tratadas com acefato 75 SP @ 1 g/l (0,1 larva/ramo, 33,4% e 24,5%, respetivamente). Sabir et at. (2012) observaram que a porcentagem de mortalidade de S. litura por spinosad aumentou após três dias de aplicação (94,44%) em comparação com os dois primeiros dias (13,20 e 30,33%, respetivamente) de aplicação em crisântemo de estufa.

Chatterjee e Mondal (2012) referiram que a flubendiamida, o espinosade, o clorfenapir, o novalurão, o benzoato de emamectina, a metoxifenozida e o Bt foram eficazes na redução dos danos causados por pragas de lepidópteros, nomeadamente a traça-das-costas da couve, a broca dos frutos do tomate, a broca das vagens da malagueta, a broca dos rebentos e dos frutos da brinjal e a broca dos rebentos e dos frutos do quiabo, com um aumento da produção.

CAPÍTULO 3

3. MATERIAIS E MÉTODOS

A presente investigação, intitulada "Bionomics and management of Spodoptera litura **(Fabricius)", foi realizada no laboratório, no campo e na estufa** do Departamento de Entomologia, CSK Himachal Pradesh Krishi Vishvavidyalaya, Palampur, a uma altitude de 1290 m a.s.l., entre $32{,}11^0$ de latitude norte e $76{,}23^o$ de longitude leste, durante 2012-13. Os pormenores dos materiais utilizados e dos métodos empregues durante a presente investigação são apresentados neste capítulo.

3.1 **Criação em massa de** S. litura

A cultura inicial (larvas de quarto e quinto instares) de S. litura infestando o pimento foi recolhida em estufa e levada para o laboratório durante a terceira semana de abril de 2012. As larvas recolhidas foram criadas em folhas de couve em frascos de plástico (18 x 15 cm) até à emergência dos adultos. Os adultos emergidos foram sexados com base no padrão das asas e transferidos para chaminés de vidro (20 x 13 cm) para acasalamento. Em cada chaminé, foi libertado um par de traças. Colocou-se um papel amassado na chaminé para proporcionar locais de repouso às traças e cobriu-se a parte superior com um pano de musselina.

Um pedaço de algodão embebido em solução de mel (15%) foi também colocado em cada chaminé como alimento para as traças numa pequena placa de Petri. A maioria das fêmeas fez a sua oviposição na tela de musselina e no papel amassado. As massas de ovos postas pelas traças foram recolhidas diariamente e o papel ou a tela de musselina foram substituídos. Os ovos depositados ocasionalmente nas paredes da chaminé foram humedecidos antes de serem separados com a ajuda de uma escova de pelo de camelo.

Os pedaços de papel ou de musselina com massas de ovos foram então transferidos para frascos de plástico. Os frascos foram examinados diariamente para verificar a eclosão dos ovos. As folhas de couve foram colocadas nos frascos após o escurecimento dos ovos, como alimento para as larvas neonatas. As larvas neonatas de cada lote foram mantidas separadamente em frascos individuais (7 x 4,5 cm) e receberam alimentos frescos. Para manter as folhas frescas durante mais tempo, os pecíolos das folhas foram envolvidos com tampões de algodão húmido. As larvas foram criadas em massa nos primeiros instares. Mais tarde, a partir do terceiro instar, foram transferidas 15 larvas para cada frasco (18 x 15 cm).

Estas larvas foram alimentadas com folhas de couve frescas de tempos a tempos, de acordo com as suas necessidades. As larvas totalmente alimentadas foram transferidas para frascos de plástico (18 x 15 cm) contendo uma camada de cerca de 10 cm de mistura húmida de terra e areia. As larvas totalmente alimentadas puparam no solo e as pupas com 2 **a** 3 dias de idade foram retiradas, sexadas e mantidas separadamente noutro frasco (15 x 13 cm) para utilização posterior. Foram mantidas condições higiénicas adequadas, limpando os frascos e substituindo os papéis de filtro, bem como os alimentos não utilizados, por papel limpo e alimentos frescos. Seguiu-se o mesmo procedimento para a criação das gerações sucessivas. A cultura assim obtida foi utilizada periodicamente para vários estudos. A criação em massa foi efectuada em condições controladas a $25 \pm 5\ ^0C$ de temperatura e 75 ± 5 por cento de humidade relativa sob um fotoperíodo de 16:8 horas (L:D).

3.2 **Estudos sobre o ciclo de vida anual de** S. litura

O número de gerações por ano foi estudado tanto em ambiente aberto como protegido (estufa) de maio de 2012 a maio de 2013. Para a realização deste estudo, foram utilizadas gaiolas de nylon com armação de alumínio (20 mesh size) para a criação de S. litura. Estas gaiolas foram mantidas no interior de uma estufa com ventilação natural (250 m^2) para estudar o número de gerações. Para o estudo do número de gerações em ambiente aberto, as gaiolas foram mantidas na casa das redes ou no telhado.

A cultura inicial foi iniciada mantendo o número contado de ovos recém-colocados de S. litura dentro das gaiolas em ambas as condições e inspeccionados regularmente. Após a eclosão, as larvas foram alimentadas com folhas de pimentão até deixarem de se alimentar e, em seguida, transferidas para frascos de plástico (18 x 15 cm) meio cheios de terra para a pupação. Os adultos que emergiram das larvas foram mantidos aos pares em chaminés de vidro / frascos para acasalamento e postura de ovos.

A geração seguinte foi iniciada com a postura do primeiro lote de massa de ovos. Seguiu-se um procedimento de criação semelhante em gerações sucessivas em ambas as condições e registaram-se as observações sobre vários parâmetros biológicos de S. litura em cada geração.

3.2.1 Morfometria dos diferentes estádios de desenvolvimento

Foram registadas observações sobre a cor, a forma e o tamanho (comprimento e largura) das diferentes fases de desenvolvimento: ovo, larva, pré-pupa, pupa e adulto. As medições foram feitas num microscópio estereozóico equipado com software de imagem (Nikon DSi) em todas as fases, exceto nos adultos.

O comprimento do corpo e a envergadura das asas dos adultos foram medidos com a ajuda de uma escala graduada. Estas observações foram feitas em dez indivíduos selecionados. A largura da cápsula da cabeça dos diferentes instares e o peso das pupas também foram registados. Os rácios de largura da cabeça dos **sucessivos instares foram também calculados de acordo com a lei de Dyar (1890) para** determinar o número de mudas durante o desenvolvimento larvar. Os adultos emergidos foram esticados e foram registados parâmetros como a cor da asa, o comprimento do corpo e a extensão da asa.

3.2.2 Período de incubação e percentagem de eclosão

Para conhecer o período de incubação e a percentagem de eclosão, os ovos recém-colocados foram recolhidos com a ajuda de uma escova húmida de pelo de camelo e 100 ovos foram transferidos para um frasco de plástico (7 x 4,5 cm) munido de um papel de filtro húmido para evitar a dessecação dos ovos. O período entre a data de oviposição e a data de eclosão foi considerado como o período de incubação. A percentagem de eclosão foi igualmente registada.

3.2.3 Número de instares e sua duração

Para o efeito, 25 larvas recém-eclodidas foram mantidas em frascos de plástico separados e criadas. Para determinar o número de instares e a sua duração, foram registadas diariamente observações sobre a muda.

A duração do primeiro instar foi considerada como o período de tempo entre a emergência da larva e a primeira muda. A duração dos outros instares foi considerada como o período de tempo entre duas mudas sucessivas. O intervalo de tempo entre a eclosão dos ovos e a cessação da alimentação das larvas foi considerado como o período larvar total.

3.2.4 Duração pré-pupal e pupal

O mesmo conjunto de larvas que foi utilizado para registar o número e a duração dos instares larvares foi também utilizado para observar a duração pré-pupal e pupal. O tempo decorrido entre a cessação da alimentação das larvas e a queda da última cutícula ou a formação da pupa foi considerado como a duração pré-pupal. O período entre a pupação e a emergência das traças adultas foi considerado como o período pupal. Foram observadas duas vezes por dia até ao aparecimento de traças adultas.

3.2.5 Fecundidade, oviposição e longevidade dos adultos

Em cada geração, foram colhidos oito pares de traças recém-emergidas e cada par foi libertado em chaminés de vidro (20 x 13 cm) para acasalamento. Os adultos foram alimentados com uma solução de mel a 15 por cento. Os ovos postos diariamente na gaiola de oviposição foram recolhidos e contados diariamente.

Os períodos de pré-oviposição, oviposição e pós-oviposição foram registados separadamente. O período entre a emergência da traça fêmea adulta e o início da postura dos ovos foi registado como período de per-oviposição. O tempo decorrido entre o início da postura dos ovos e o último ovo posto pela fêmea foi considerado como o período de oviposição. O período pós-oviposição foi considerado como o período de tempo entre a última postura de ovos e a morte da fêmea. A longevidade dos adultos foi registada separadamente para ambos os sexos. O número de dias de sobrevivência do adulto foi considerado como a longevidade do adulto.

3.2.6 Sobrevivência específica da fase

A sobrevivência específica por idade em diferentes fases de desenvolvimento, ou seja, ovo, larva, pré-pupa, pupa e adulto, também foi registada tendo em conta o número de indivíduos no início de cada fase e convertendo-o depois em percentagem.

3.3 Observações meteorológicas

As observações meteorológicas do período de experimentação no terreno para o ano de 2012-13 foram obtidas no observatório meteorológico do Departamento de Agronomia, CSK Himachal Pradesh Krishi Vishvavidyalaya, Palampur (Anexo I, Fig. 3.1). Os dados meteorológicos relativos à temperatura mínima e máxima e à humidade relativa (de manhã e à noite) foram registados diariamente em estufas com ventilação natural, utilizando um registador digital de temperatura e humidade relativa durante 2012-13 (apêndice II, Fig. 3.2).

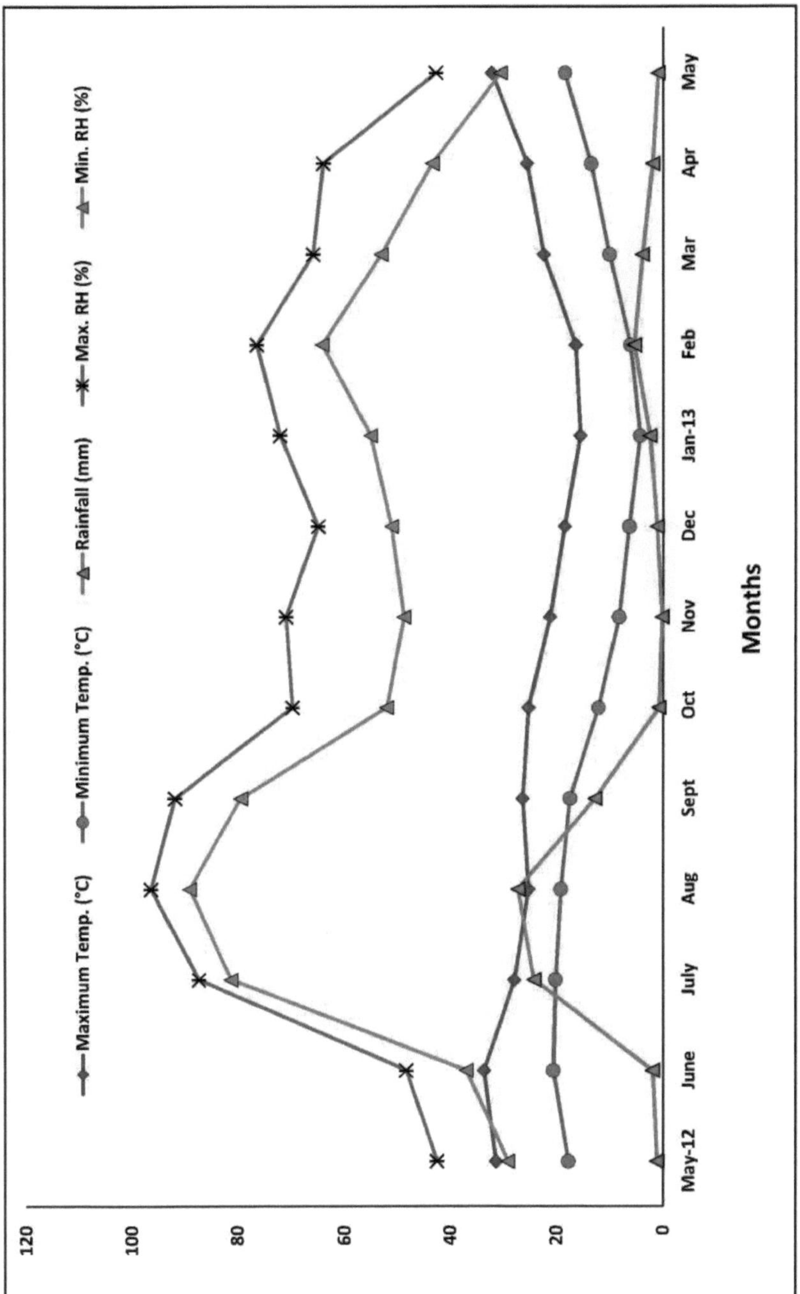

Fig. 3.1 Dados meteorológicos mensais (em ambiente aberto) durante o período de estudo, 2012-13

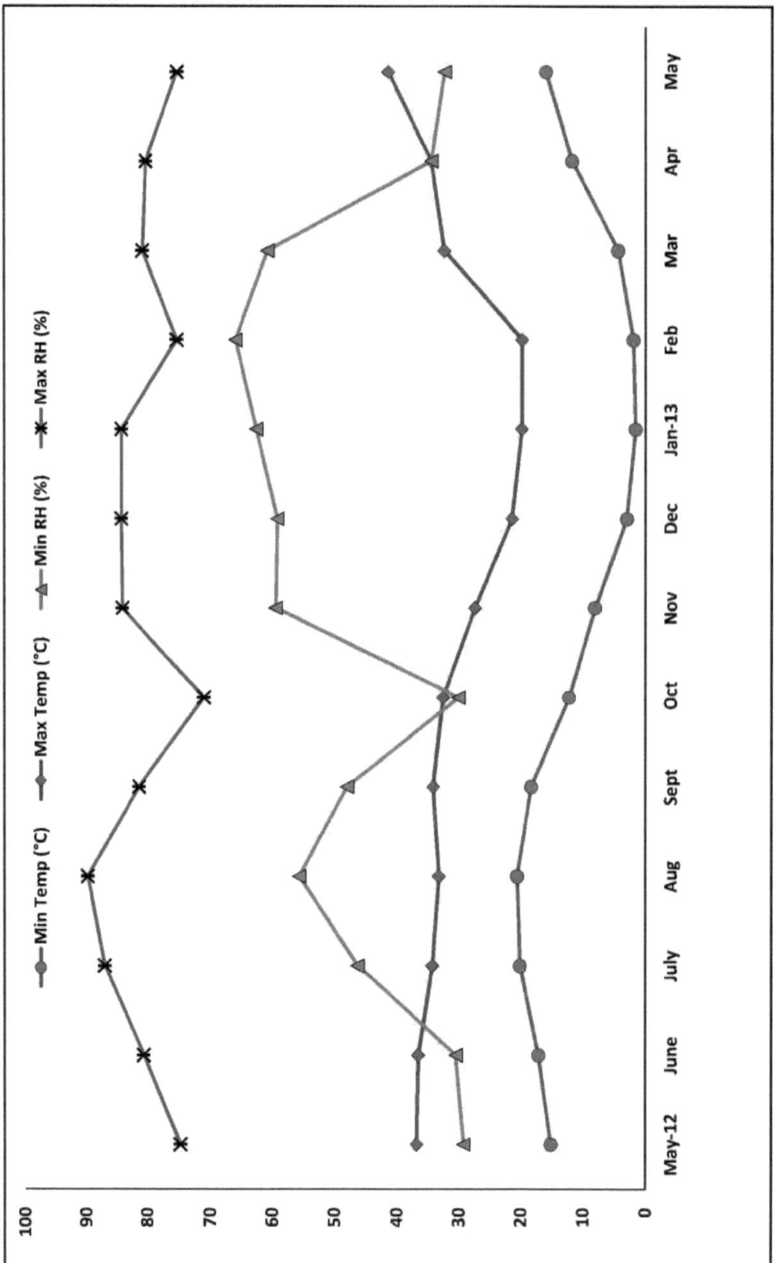

Fig. 3.2 Dados meteorológicos mensais (em estufa) durante o período de estudo, 2012-13

3.4 Avaliação de insecticidas e biopesticidas contra S. litura

A eficácia de seis insecticidas e três biopesticidas foi testada contra as lagartas do tabaco no pimento, tanto em condições de laboratório como de estufa. Os pormenores dos tratamentos são apresentados no quadro 3.1.

Quadro 3.1 Lista de insecticidas e biopesticidas

Sr. No.	Common Name	Trade Name	Manufacturer
1.	Indoxacarb 14.5%	Dhawa 14.5SC	E. I. DuPont India Pvt. Ltd.
2.	Flubendiamide 39.35%	Fame 480SC	Bayer Crop Science Ltd.
3.	Novaluron 10%	Pedestal 10EC	Makhteshim Chemical Works Ltd.
4.	Bifenthrin 10%	Hectastar 10EC	United Phosphorus Ltd.
5.	Chlorantraniliprole (Rynaxypyr) 18.5%	Coragen 18.5SC	E. I. DuPont India Pvt. Ltd.
6.	SINPV (1×10^9 POBs/ ml)	Spodo-Cide 0.50AS	Pest Control (India) Pvt. Ltd.
7.	Emamectin benzoate 5%	Proclaim 5SG	Syngenta India Ltd.
8.	*Bacillus thuringiensis* var. *kurstaki* 16%	Lipel 16000 IU/mg SP	Agri Life
9.	Neem (Azadirachtin) 1%	Neem Baan 1EC	Pest Control (India) Pvt. Ltd.

3.4.1 Condições do laboratório

A eficácia de todos os tratamentos contra as larvas de 3.°instar de S. litura foi avaliada em laboratório através do método de bioensaio de imersão das folhas antes de serem testadas em condições de estufa. Para cada teste, foram utilizadas larvas com aproximadamente a mesma idade e peso. O peso médio de uma larva de terceiro instar foi de 11,04 mg.

3.4.1.1 Preparação das concentrações de ensaio

As soluções de reserva dos produtos químicos (Quadro 3.1) foram preparadas em água destilada. Os produtos químicos em formulações líquidas foram medidos com uma pipeta, ao passo que as formulações em pó ou em grânulos foram pesadas em função da dose, utilizando uma balança eletrónica. As concentrações de trabalho (5 para cada inseticida) foram preparadas a partir da solução-mãe por diluição em série em água, com base em testes preliminares realizados para determinar a mortalidade de 5 a 95% dos insectos, exceto no caso da azadiractina, em que se registou uma inibição da alimentação. A diluição em série começou da concentração mais elevada para a mais baixa. As diluições em série foram preparadas utilizando a equação:

$$C_1V_1 = C_2V_2$$

Onde, **C1** = Concentração inicial/ Concentração da solução de reserva,

V1 = Volume da concentração inicial,

C2 = Concentração final/ Concentração da solução de trabalho,

V2 = Volume da concentração final.

As concentrações assim preparadas foram utilizadas para realizar estudos de bioensaio de imersão de folhas contra o inseto de teste.

3.4.1.2 Método de imersão das folhas para o bioensaio

O método de bioensaio por imersão das folhas foi utilizado contra as larvas de terceiro instar do inseto testado. Neste método, um número contado de larvas de terceiro instar foi mantido em frascos de plástico limpos e secos, com papel de filtro adequado no interior, e deixados à fome durante cerca de 3-4 horas. As folhas frescas de pimento foram mergulhadas nas soluções de diferentes concentrações de cada inseticida durante 30 segundos, secas à sombra e depois colocadas nos frascos de plástico para alimentar as larvas. Para cada concentração, foi utilizado um total de 30 larvas (três réplicas de 10 larvas cada). As larvas pré-estimuladas (10 em número) foram transferidas com uma escova de pelo de camelo para cada frasco de plástico para se alimentarem das folhas de pimento pré-tratadas. Foi também realizada simultaneamente uma experiência de controlo em que as folhas foram mergulhadas apenas em água destilada, secas à sombra e dadas às larvas para se alimentarem. Foram enrolados tampões de algodão embebidos em água à volta do pecíolo das folhas de pimento para as manter frescas. As observações sobre a mortalidade foram efectuadas em após 24 horas, no caso dos insecticidas químicos, exceto o novalurão (até 72 horas). No caso dos biopesticidas, nomeadamente o SlNPV e o Btk, a mortalidade foi observada até 96 horas após o tratamento. Já no caso da azadiractina, a alimentação foliar (área consumida) foi observada após 72 horas em diferentes concentrações. As larvas moribundas, incapazes de se mover ou com movimentos descoordenados, foram consideradas mortas.

A fim de evitar a contaminação por insecticidas, o material de vidro e os frascos de plástico foram limpos de vez em quando. Os objectos de vidro foram primeiro limpos com água da torneira e depois enxaguados com ácido crómico. Utilizou-se novamente água da torneira para a lavagem, **seguida de uma limpeza completa com detergente "Teepol"** e enxaguamento com água da torneira. Utilizou-se ainda água destilada e acetona para enxaguar o material de vidro antes de o secar numa estufa a 100 ^{0}C durante 4 horas.

3.4.2 Estado das estufas

A experiência em estufa foi organizada em blocos aleatórios com 10 tratamentos, incluindo o controlo. Cada tratamento foi repetido três vezes, com 15 plantas em cada parcela durante a experiência. Capsicum cv. Orobelle foi cultivado em estufa ventilada naturalmente (250 m^2) seguindo todas as **práticas** agronómicas **de acordo com o "Pacote de Práticas para as Culturas Vegetais" (Anonymous** 2010) em ambiente livre de insecticidas. Mudas de trinta dias de idade foram transplantadas em 27 de agosto de 2012 como cultura de outono-inverno com espaçamento planta a planta e fileira a fileira de 30 x 45 cm, respetivamente. As plantas de Capsicum foram artificialmente infestadas com larvas de segundo instar de S. litura quatro dias antes da pulverização de insecticidas. A solução de pulverização foi feita com base em testes preliminares realizados para encontrar um controlo eficaz desta praga em condições laboratoriais. A contagem da população da praga antes e depois do tratamento foi registada 1 dia antes, 1, 3 e 7 dias depois da aplicação dos pesticidas. **Uma parcela não tratada foi mantida como controlo. A eficácia dos insecticidas contra** S. litura **foi avaliada com base na mortalidade dos insectos testados.** A redução da população em relação ao controlo não tratado foi calculada de acordo com a fórmula modificada de Abbott apresentada por Fleming e Ratnakaran (1985):

$$\%\ \text{Population change} = \left\{1 - \frac{\begin{array}{c}\text{Post treatment population}\\ \text{in treatment}\end{array}}{\begin{array}{c}\text{Pre treatment population}\\ \text{in treatment}\end{array}} \times \frac{\begin{array}{c}\text{Pre treatment population}\\ \text{in control}\end{array}}{\begin{array}{c}\text{Post treatment population}\\ \text{in control}\end{array}}\right\} \times 100$$

3.5 Análise estatística dos dados

As percentagens de mortalidade corrigidas foram calculadas a partir dos dados de mortalidade, utilizando **a fórmula de Abbott (Abbott 1925):**

$$\text{Corrected mortality (\%)} = \frac{(\%\ \text{mortality in treatment} - \%\ \text{mortality in control})}{(100 - \%\ \text{mortality in control})} \times 100$$

Os dados corrigidos da percentagem de mortalidade assim obtidos para diferentes concentrações de cada inseticida foram submetidos a uma análise probit, de acordo com o método de Finney (1971). Os valores de heterogeneidade, **LC50** e **LC90** e os respectivos limites fiduciais foram obtidos para os diferentes insecticidas, com exceção da azadiractina, para a qual foram estimados os valores de inibição da alimentação (**EC50** e **EC90**). As linhas de regressão foram traçadas e os declives da regressão foram determinados. Os valores de toxicidade relativa dos diferentes insecticidas foram calculados tomando como unidade os valores **LC50** e **LC90** do inseticida menos tóxico. Os dados da experiência sobre a avaliação de insecticidas químicos e biopesticidas contra a lagarta do tabaco no pimento em estufa foram submetidos a uma análise de variância ou diferença crítica através do software CPCS-1, de acordo com o procedimento sugerido por Gomez e Gomez (1984).

CAPÍTULO 4

4. RESULTADOS E DISCUSSÃO

A presente investigação, intitulada "Bionomics and management of Spodoptera litura **(Fabricius)" (Bionomia e gestão de** Spodoptera litura **(Fabricius))**, foi realizada para estudar o ciclo de vida anual de S. litura em condições de estufa relativamente a condições ao ar livre, bem como a bioeficácia de alguns novos insecticidas e biopesticidas para a sua gestão. Foram efectuados estudos de bioensaio utilizando o método de imersão das folhas para determinar a toxicidade intrínseca de seis insecticidas e três biopesticidas contra as larvas de terceiro instar. Estes insecticidas e biopesticidas foram também avaliados em condições de estufa em Capsicum contra a praga. Os resultados obtidos são apresentados e discutidos neste capítulo.

4.1 Ciclo de vida anual de S. litura

4.1.1 Biologia do desenvolvimento de S. litura

4.1.1.1 Ovo

Os ovos tinham uma forma redonda. Os ovos recém postos eram de cor verde pálido, que se tornavam branco-creme após uma hora (placa 4.1). Os ovos foram postos em massa e empilhados em duas a três camadas. Estavam cobertos de escamas castanhas que se desprendiam do abdómen da traça fêmea durante a oviposição. Quando estavam prestes a eclodir, a ponta do ovo tornou-se negra, constituindo a cabeça da larva em desenvolvimento. Durante a eclosão, a cabeça emergiu primeiro e, nos 15 a 20 minutos seguintes, todo o corpo foi extraído por movimentos rítmicos, deixando para trás a casca transparente do ovo. O período de incubação variou entre 3,2 ĕ 11,2 dias durante diferentes gerações em condições ambientais abertas e 3,2 ĕ 8,8 em condições de estufa. O período mínimo de incubação (3,2 dias) foi observado na geração I (maio ĕ junho) em condições ambientais abertas e na geração I (maio ĕ junho) & XI (abril ĕ maio) em condições de estufa. O período de incubação foi mais longo na geração VII (11,2 dias) em condições ambientais abertas (Tabela 4.1) e na geração VIII (8,8 dias) em condições de estufa (Tabela 4.2) devido à baixa temperatura. Bhalani e Talati (1984) registaram um período de incubação de 4,80 ± 1,68 dias, enquanto que Kumar et al. (1992) registaram um período de incubação de 3,0 dias em maio e junho e de 5,4 dias em outubro, o que está de acordo com o nosso estudo.

Quadro 4.1 Período de incubação e sobrevivência dos ovos de S. litura **durante diferentes gerações em condições ambientais abertas**

Generation	Period	Incubation period in days		Survival (%)
		Range	(Mean ± S.E.)	
I	May – June	3 – 4	3.2 ± 0.1	95.0
II	June – July	3 – 4	3.3 ± 0.2	96.0
III	July – Aug	4 – 5	4.3 ± 0.2	100.0
IV	Aug – Sept	5 – 6	5.2 ± 0.1	98.0
V	Sept – Oct	5 – 6	5.4 ± 0.2	95.0
VI	Nov – Jan	8 – 9	8.6 ± 0.2	89.0
VII	Jan – Mar	10 – 13	11.2 ± 0.4	73.0
VIII	Mar – Apr	5 – 6	5.2 ± 0.1	85.0
IX	Apr – May	3 – 4	3.3 ± 0.2	93.0

Quadro 4.2 Período de incubação e sobrevivência dos ovos de S. litura **durante diferentes gerações em condições de estufa**

Generation	Period	Incubation period in days		Survival (%)
		Range	(Mean ± S.E.)	
I	May – June	3 – 4	3.2 ± 0.1	94.0
II	June – July	3 – 4	3.4 ± 0.2	96.0
III	July – Aug	3 – 4	3.5 ± 0.2	100.0
IV	Aug	4 – 5	4.4 ± 0.2	100.0
V	Sept – Oct	4 – 5	4.5 ± 0.2	97.0
VI	Oct – Nov	4 – 5	4.6 ± 0.2	93.0
VII	Nov – Jan	5 – 6	5.3 ± 0.2	88.0
VIII	Jan – Feb	8 – 10	8.8 ± 0.3	76.0
IX	Mar	4 – 5	4.6 ± 0.2	85.0
X	Mar – Apr	3 – 4	3.5 ± 0.2	93.0
XI	Apr – May	3 – 4	3.2 ± 0.1	95.0

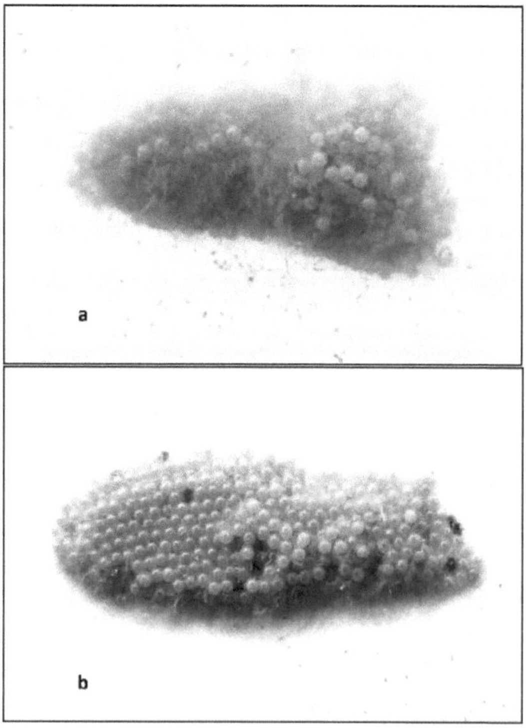

Placa 4.1 Ovos de S. litura **(a) acabados de pôr (b) com um dia de idade**

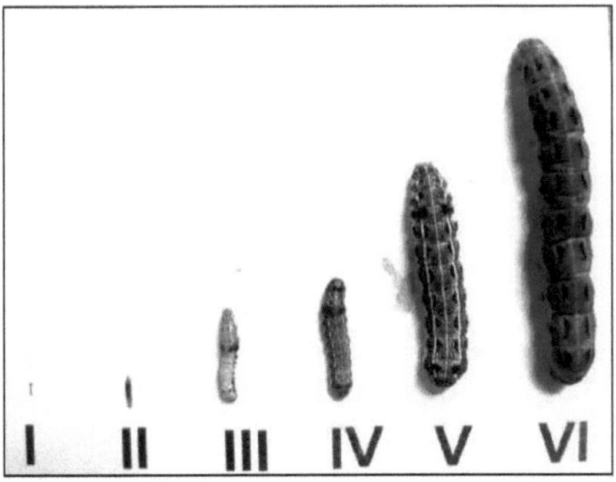

Placa 4.2 Diferentes instares larvares de S. litura

A percentagem de sobrevivência (eclodibilidade) dos ovos durante as diferentes gerações em ambiente aberto e em condições de estufa variou entre 73 - 100 e 76 - 100 por cento, respetivamente (Quadro 4.1, 4.2). O diâmetro médio dos ovos foi de 0,47 mm e variou entre 0,45 - 0,49 mm (Quadro 4.7). Vashisth (2009) registou dimensões semelhantes.

4.1.1.2 Larva

A larva não tinha pêlos, era de cor castanha escura com manchas e linhas ténues. Havia seis instares larvares (placa 4.2). A larva recém-eclodida era cinzenta, com a cápsula da cabeça preta, e alimentava-se de folhas frescas e tenras de pimento. Antes da muda, a cor do corpo passou a amarelo-claro e a cápsula da cabeça deslocou-se um pouco para a frente.

O segundo instar era semelhante ao primeiro, com exceção de um aumento de tamanho. O terceiro instar era castanho-esverdeado com a cápsula da cabeça castanha e tornou-se pálido antes da muda. Havia manchas escuras no mesotórax.

À medida que a larva crescia e atingia a fase de quarto instar, tornava-se castanha acinzentada com três linhas amarelas finas ao longo do dorso. Uma no meio e duas de cada lado. Uma fileira de pontos pretos na região pleural e uma fileira conspícua de triângulos escuros logo acima das linhas amarelas em cada segmento correm ao longo de cada linha decorada no lado dorsolateral da larva durante o quinto e sexto instares.

As observações registadas sobre a duração das larvas revelaram que esta variou entre 17,3 e 32,6 dias, com a duração máxima na geração VII (janeiro - março) e a duração mínima na geração I (maio - junho) em condições ambientais abertas (quadro 4.3). Mas variou entre 14,4 **e** 24,1 dias, com a duração máxima na geração VIII (janeiro - fevereiro) e a duração mínima na geração XI (abril - maio) em condições de estufa (Quadro 4.4).

A duração larvar de 15,55, 19,55 e 20,18 dias foi registada por Shahout et al. (2011) quando as larvas foram criadas em couve, feijão-frade e erva-jacaré, respetivamente, mostrando o efeito das plantas hospedeiras. Mann et al. (1995) também registaram um período larvar de 17,53 a 25,75 dias durante os meses de junho a outubro em algodão no Punjab.

Quadro 4.3 Duração dos instares larvares de *S. litura* durante diferentes gerações em condições ambientais abertas

Generation	Duration (Mean ± S.E.) of larval instars in days						Total larval period (days)
	1st instar	2nd instar	3rd instar	4th instar	5th instar	6th instar	
I (May – June)	2.3 ± 0.2 (2 – 3)	2.1 ± 0.1 (2 – 3)	2.4 ± 0.2 (2 – 3)	3.5 ± 0.2 (3 – 4)	4.4 ± 0.2 (4 – 5)	2.6 ± 0.2 (2 – 4)	17.3 ± 0.4 (17 – 18)
II (June – July)	3.2 ± 0.1 (3 – 4)	2.7 ± 0.2 (2 – 3)	2.6 ± 0.2 (2 – 3)	3.6 ± 0.2 (3 – 4)	4.6 ± 0.2 (4 – 5)	2.5 ± 0.2 (2 – 3)	19.2 ± 0.4 (19 – 20)
III (July – Aug)	3.5 ± 0.2 (3 – 4)	2.5 ± 0.2 (2 – 3)	2.6 ± 0.2 (2 – 3)	3.6 ± 0.2 (3 – 4)	4.1 ± 0.1 (4 – 5)	2.6 ± 0.2 (2 – 3)	18.9 ± 0.4 (19 – 21)
IV (Aug – Sept)	3.4 ± 0.2 (3 – 4)	2.4 ± 0.2 (2 – 3)	3.1 ± 0.1 (3 – 4)	3.4 ± 0.2 (3 – 4)	4.2 ± 0.1 (4 – 5)	2.2 ± 0.1 (2 – 3)	18.7 ± 0.5 (18 – 21)
V (Sept – Oct)	2.5 ± 0.2 (2 – 3)	2.5 ± 0.2 (2 – 3)	3.5 ± 0.2 (3 – 4)	3.7 ± 0.2 (3 – 4)	4.4 ± 0.2 (4 – 5)	2.5 ± 0.2 (2 – 3)	19.1 ± 0.4 (19 – 20)
VI (Nov – Jan)	5.3 ± 0.2 (5 – 6)	3.4 ± 0.2 (3 – 4)	4.2 ± 0.1 (4 – 5)	5.2 ± 0.1 (5 – 6)	4.6 ± 0.2 (4 – 5)	2.7 ± 0.2 (2 – 3)	25.4 ± 0.5 (25 – 27)
VII (Jan – Mar)	5.7 ± 0.2 (5 – 6)	3.9 ± 0.1 (3 – 4)	4.4 ± 0.2 (4 – 5)	7.8 ± 0.2 (7 – 9)	7.4 ± 0.2 (7 – 8)	3.4 ± 0.2 (3 – 4)	32.6 ± 0.6 (32 – 35)
VIII (Mar – Apr)	4.3 ± 0.2 (4 – 5)	3.3 ± 0.2 (3 – 4)	3.5 ± 0.2 (3 – 4)	3.7 ± 0.2 (3 – 4)	4.3 ± 0.2 (4 – 5)	2.4 ± 0.2 (2 – 3)	21.5 ± 0.3 (20 – 22)
IX (Apr – May)	2.6 ± 0.2 (2 – 3)	2.5 ± 0.2 (2 – 3)	3.3 ± 0.2 (3 – 4)	3.5 ± 0.2 (3 – 4)	4.5 ± 0.2 (4 – 5)	2.4 ± 0.2 (2 – 3)	18.8 ± 0.5 (18 – 21)

Os números entre parênteses indicam valores de intervalo

Quadro 4.4 Duração dos instares larvares de *S. litura* durante diferentes gerações em condições de estufa

Generation	Duration (Mean ± S.E.) of larval instars in days						Total larval period (days)
	1st instar	2nd instar	3rd instar	4th instar	5th instar	6th instar	
I (May – June)	2.3 ± 0.1 (2 – 3)	2.1 ± 0.1 (2 – 3)	2.3 ± 0.2 (2 – 3)	3.1 ± 0.1 (3 – 4)	4.1 ± 0.1 (4 – 5)	2.1 ± 0.1 (2 – 3)	16.0 ± 0.3 (15 – 17)
II (June – July)	2.5 ± 0.2 (2 – 3)	2.4 ± 0.2 (2 – 3)	2.6 ± 0.2 (2 – 3)	3.3 ± 0.2 (3 – 4)	3.6 ± 0.2 (3 – 4)	2.4 ± 0.2 (2 – 3)	16.8 ± 0.4 (16 – 17)
III (July – Aug)	2.1 ± 0.1 (2 – 3)	2.2 ± 0.1 (2 – 3)	2.5 ± 0.2 (2 – 3)	2.9 ± 0.1 (2 – 3)	4.2 ± 0.1 (4 – 5)	2.2 ± 0.1 (2 – 3)	16.1 ± 0.3 (15 – 17)
IV (Aug)	3.2 ± 0.1 (3 – 4)	2.7 ± 0.2 (2 – 3)	2.6 ± 0.2 (2 – 3)	3.1 ± 0.1 (3 – 4)	3.7 ± 0.2 (3 – 4)	2.2 ± 0.1 (2 – 3)	17.5 ± 0.2 (16 – 18)
V (Sept – Oct)	3.3 ± 0.2 (3 – 4)	2.7 ± 0.2 (2 – 3)	2.4 ± 0.2 (2 – 3)	3.7 ± 0.2 (3 – 4)	3.4 ± 0.2 (3 – 4)	2.8 ± 0.1 (2 – 3)	18.3 ± 0.3 (17 – 19)
VI (Oct – Nov)	3.4 ± 0.2 (3 – 4)	2.7 ± 0.2 (2 – 3)	3.2 ± 0.1 (3 – 4)	3.5 ± 0.2 (3 – 4)	5.4 ± 0.2 (5 – 6)	3.2 ± 0.1 (3 – 4)	21.4 ± 0.3 (21 – 23)
VII (Nov – Jan)	3.5 ± 0.2 (3 – 5)	2.9 ± 0.1 (2 – 3)	3.4 ± 0.2 (3 – 4)	3.9 ± 0.1 (3 – 4)	5.5 ± 0.2 (5 – 6)	3.6 ± 0.2 (3 – 4)	22.8 ± 0.3 (22 – 25)
VIII (Jan – Feb)	3.6 ± 0.2 (3 – 4)	3.4 ± 0.2 (3 – 4)	3.8 ± 0.1 (3 – 4)	3.9 ± 0.1 (3 – 4)	5.6 ± 0.2 (5 – 6)	3.8 ± 0.1 (3 – 4)	24.1 ± 0.5 (23 – 26)
IX (Mar)	2.5 ± 0.2 (2 – 3)	2.2 ± 0.1 (2 – 3)	2.7 ± 0.2 (2 – 3)	2.8 ± 0.1 (2 – 3)	3.8 ± 0.1 (3 – 4)	2.6 ± 0.2 (2 – 3)	16.6 ± 0.3 (16 – 17)
X (Mar – Apr)	2.3 ± 0.2 (2 – 3)	2.1 ± 0.1 (2 – 3)	2.6 ± 0.2 (2 – 3)	2.7 ± 0.2 (2 – 3)	3.5 ± 0.2 (3 – 4)	2.2 ± 0.1 (2 – 3)	15.4 ± 0.3 (15 – 17)
XI (Apr – May)	2.2 ± 0.1 (2 – 3)	2.2 ± 0.1 (2 – 3)	2.3 ± 0.2 (2 – 3)	2.3 ± 0.2 (2 – 3)	3.2 ± 0.1 (3 – 4)	2.2 ± 0.1 (2 – 3)	14.4 ± 0.2 (14 – 15)

Os números entre parênteses indicam valores de intervalo

A percentagem de sobrevivência das larvas durante as diferentes gerações em condições de ambiente aberto variou entre 17,8 - 73,0 por cento com sobrevivência máxima na geração III (julho - agosto) e a sobrevivência mínima na geração VII (janeiro - março) e 31,8 - 84,0 por cento em condições de estufa com sobrevivência máxima na geração IV (agosto) e a sobrevivência mínima na geração VII (novembro - janeiro) como apresentado nos quadros 4.5 & 4.6. Kumar et al. (1992) relataram que a sobrevivência das larvas variou de 72 - 92 por cento durante maio - outubro.

A larva de primeiro instar media 1,49 - 1,57 mm de comprimento e 0,21 - 0,26 mm de largura. O comprimento e a largura do segundo instar foram de 2,89 - 5,07 e 0,47 - 0,58 mm, respetivamente. O comprimento médio da larva de terceiro instar foi de 12,26 mm e a largura de 1,52 mm, enquanto o comprimento da larva de quarto instar foi de 22,15 mm e a largura de 3,98 mm. A larva de quinto instar media 36,00 - 41,03 mm de comprimento (x = 38,48 mm) e 4,98 - 7,03 mm de largura (x = 5,98 mm). O comprimento e a largura da larva do sexto instar foram de 46,39 - 48,13 mm (x = 47,14 mm) e 5,97 - 7,22 (x = 6,60 mm), respetivamente (quadro 4.7).

Quadro 4.5 Sobrevivência de instares larvares de S. litura **durante diferentes gerações em condições ambientais abertas**

Generation	Period	Survival (%)						
		1st instar	2nd instar	3rd instar	4th instar	5th instar	6th instar	Total
I	May – June	97.9	91.4	85.9	91.8	92.5	93.5	53.7
II	June – July	98.6	94.7	95.6	91.9	91.1	97.2	67.7
III	July – Aug	100.0	96.0	96.9	95.7	93.3	92.8	73.0
IV	Aug – Sept	99.0	95.9	96.8	95.6	95.3	96.3	71.4
V	Sept – Oct	98.9	92.6	90.8	91.1	87.5	93.7	54.7
VI	Nov – Jan	94.4	94.0	91.1	88.9	73.4	70.2	23.6
VII	Jan – Mar	95.9	91.4	89.1	77.2	79.5	68.6	17.8
VIII	Mar – Apr	98.8	96.4	96.3	88.5	88.4	95.1	54.1
IX	Apr – May	100.0	94.6	95.5	86.9	91.8	94.0	58.1

Quadro 4.6 Sobrevivência de instares larvares de S. litura **durante diferentes gerações em condições de estufa**

Generation	Period	Survival (%)						
		1st instar	2nd instar	3rd instar	4th instar	5th instar	6th instar	Total
I	May – June	98.9	94.6	89.8	89.9	88.7	88.9	55.3
II	June – July	100.0	95.8	96.7	92.1	91.5	93.3	68.7
III	July – Aug	99.0	97.0	95.8	94.6	96.6	96.4	78.0
IV	Aug	100.0	97.0	96.9	95.7	97.8	96.6	84.0
V	Sept – Oct	97.9	96.8	96.7	91.0	88.9	95.8	64.9
VI	Oct – Nov	97.8	96.7	98.9	85.1	85.1	98.4	60.2
VII	Nov – Jan	95.5	94.0	91.1	88.9	73.4	87.2	31.8
VIII	Jan – Feb	96.1	97.3	94.4	91.0	78.7	89.6	42.1
IX	Mar	98.8	96.4	96.3	89.7	88.6	93.5	55.3
X	Mar – Apr	100.0	91.4	94.1	90.0	88. 9	95.3	59.1
XI	Apr – May	100.0	94.5	94.4	90.5	88.2	94.0	62.1

Tabela 4.7 Biometria de diferentes fases de vida de S. litura **(n=10)**

Stages	Length (mm)		Width (mm)	
	Range	Mean ± S.E.	Range	Mean ± S.E.
Egg*	0.45 – 0.49	0.47 ± 0.01	-	-
Larva				
1st instar	1.49 – 1.57	1.53 ± 0.01	0.21 – 0.26	0.23 ± 0.01
2nd instar	2.89 – 5.07	3.96 ± 0.06	0.47 – 0.58	0.53 ± 0.01
3rd instar	8.87 – 15.12	12.26 ± 0.17	1.47 – 1.56	1.52 ± 0.01
4th instar	18.91 – 25.56	22.15 ± 0.21	2.89 – 5.12	3.98 ± 0.12
5th instar	36.00 – 41.03	38.48 ± 0.19	4.98 – 7.03	5.98 ± 0.12
6th instar	46.39 – 48.13	47.14 ± 0.13	5.97 – 7.22	6.60 ± 0.11
Pre-pupa	13.45 – 16.23	14.81 ± 0.30	4.56 – 6.10	5.02 ± 0.14
Pupa				
Male	12.52 – 15.99	14.25 ± 0.32	4.14 – 5.47	4.88 ± 0.13
Female	13.07 – 15.97	14.29 ± 0.28	4.16 – 5.23	4.86 ± 0.10
Adult				
Wing Expanse				
Male	34.93 – 37.01	35.97 ± 0.24	-	-
Female	36.94 – 39.02	38.02 ± 0.18	-	-
Body Length				
Male	16.24 – 18.48	17.35 ± 0.29	-	-
Female	16.97 – 21.08	19.32 ± 0.40	-	-

*Medição do diâmetro

Cardona et al. (2007) também relataram o comprimento da larva adulta como cerca de 40,77 ĕ 50,90 mm (x = 46,91 mm) de comprimento e 6,43 ĕ 7,15 mm (x = 6,87 mm) de largura, o que está de acordo com os presentes resultados. Vashisth (2009) também relatou que a larva adulta media cerca de 46,00 ĕ 48,00 mm (x = 46,65 mm) de comprimento e 6,00 ĕ 7,00 mm (x = 6,35 mm) de largura.

Foram registados seis instares larvares (placa 4.2), uma vez que a larva mudou seis vezes para se tornar uma pupa. A largura média da cápsula da cabeça da larva do primeiro ao sexto instar foi de 0,28, 0,43, 0,70, 1,14, 1,84 e 3,02 mm, respetivamente. O rácio da largura da cápsula da cabeça nos sucessivos instares foi de 1,53, 1,63, 1,62, 1,62 e 1,64 **(Quadro 4.8), o que está em conformidade com a lei de Dyar (Quadro 4.3). Kharub et al. (1993)** estudaram a biologia de S. litura em folhas de amendoim e registaram que a larva passou por 6 instares. Shih (1995) registou que a largura da cápsula da cabeça das larvas de S. litura do $^{1°}$ao $^{6°}$ instar era de 0,3, 0,5, 0,7, 1,2, 1,9 e 3,0 mm, respetivamente.

Tabela 4.8 Largura da cápsula da cabeça de diferentes instares larvares de S. litura **(n=10)**

Stage	Width (mm)		Ratio
	Range	Mean ± S.E.	
1st instar	0.27 – 0.31	0.28 ± 0.01	
			1.53
2nd instar	0.38 – 0.46	0.43 ± 0.01	
			1.63
3rd instar	0.66 – 0.79	0.70 ± 0.01	
			1.62
4th instar	1.06 – 1.18	1.14 ± 0.01	
			1.62
5th instar	1.69 – 2.02	1.84 ± 0.04	
			1.64
6th instar	2.76 – 3.42	3.02 ± 0.06	

4.1.1.3 Pré-pupa

Um a três dias antes da pupação, a larva do sexto instar deixa de se alimentar, entra no solo onde constrói uma célula oval de terra, dentro da qual se torna inativa, encurta o seu comprimento e transforma-se numa pré-pupa (placa 4.4). Quando a célula de terra se rompe, a pré-pupa não consegue transformar-se em pupa na maior parte dos casos. A pré-pupa media 13,45 ĕ 16,23 mm de comprimento ($\bar{x}$ = 14,81 mm) e

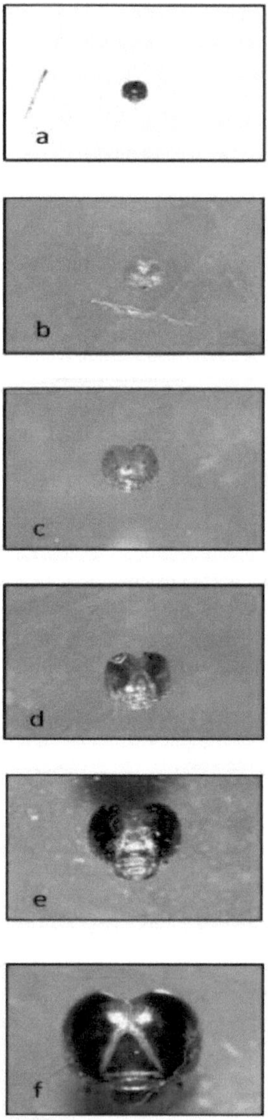

Placa 4.3 Cápsulas da cabeça de diferentes instares larvares de S. litura
(a) 1.°instar b) 2·o instar c) 3·o instar
(d) 4.°instar e) 5.o instar f) 6·o instar

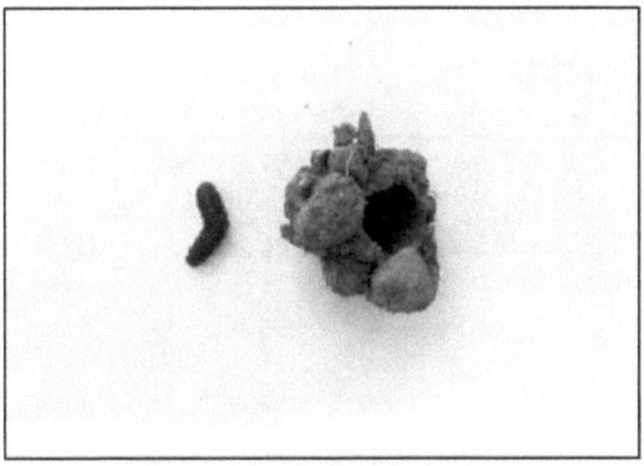

Placa 4.4 Pré-pupa de S. litura

Placa 4.5 Pupas de S. litura
(a) casulo de barro (b) fêmea (c) macho

4,56 - 6,10 mm de largura (x = 5,02 mm) (Quadro 4.7). Os resultados sobre a percentagem de sobrevivência da pré-pupa durante as diferentes gerações em condições ambientais abertas revelaram que foi mais elevada (94,8 %) na geração III (julho - agosto) e mais baixa (54,2 %) na geração VII (janeiro - março) e variou entre 68,3 - 98,8 % em condições de estufa, com a mais elevada na geração IV (agosto) e a mais baixa na geração VII (novembro - dezembro) (Quadro 4.9, 4.10). Maghodia (2005) também relatou a sobrevivência pré-pupal, que foi mais alta (87,5%) na mamona e mais baixa (72,5%) no algodão. As observações registadas sobre a duração pré-pupal revelaram que esta variou entre 1,2 **e** 2,3 dias, com a duração máxima na geração VI e a duração mínima na geração I (quadro 4.9) em condições ambientais abertas, e **entre** 1,1 **e** 2,5 dias, com a duração máxima na geração VII e a duração mínima nas gerações I, III e XI (quadro 4.10) em condições de estufa. Thomas e Bilapate (2007) registaram uma duração pré-pupal de 2 dias em Maharashtra. Maghodia (2005) registou uma duração de 2,07 - 2,33 dias em Gujarat.

Quadro 4.9 Duração e sobrevivência das fases pré-pupal e pupal de S. litura **durante diferentes gerações em condições ambientais abertas**

Generation	Pre-pupa Duration (Mean ± S.E.) in days	Pre-pupa Survival (%)	Pupa Duration (Mean ± S.E.) in days	Pupa Survival (%)
I (May – June)	1.2 ± 0.1 (1 – 2)	87.9	5.7 ± 0.3 (5 – 7)	80.4
II (June – July)	1.5 ± 0.2 (1 – 2)	92.9	6.6 ± 0.3 (6 – 8)	81.5
III (July – Aug)	1.7 ± 0.2 (1 – 2)	94.8	7.0 ± 0.3 (6 – 8)	97.3
IV (Aug – Sept)	1.3 ± 0.2 (1 – 2)	88.6	8.8 ± 0.3 (8 – 10)	94.3
V (Sept – Oct)	1.9 ± 0.1 (1 – 2)	88.1	10.8 ± 0.4 (10 – 13)	92.3
VI (Nov – Jan)	2.3 ± 0.2 (2 – 3)	63.6	24.8 ± 0.6 (22 – 26)	57.1
VII (Jan – Mar)	2.2 ± 0.1 (2 – 3)	54.2	14.4 ± 0.3 (14 – 17)	53.8
VIII (Mar – Apr)	1.5 ± 0.2 (1 – 2)	79.3	6.7 ± 0.3 (6 – 8)	84.8
IX (Apr – May)	1.4 ± 0.2 (1 – 2)	85.7	5.6 ± 0.2 (5 – 7)	87.0

Os números entre parênteses indicam valores de interval

Quadro 4.10 Duração e sobrevivência das fases pré-pupal e pupal de S. litura **durante diferentes gerações em condições de estufa**

Generation	Pre-pupa Duration (Mean ± S.E.) in days	Pre-pupa Survival (%)	Pupa Duration (Mean ± S.E.) in days	Pupa Survival (%)
I (May – June)	1.1 ± 0.1 (1 – 2)	92.9	5.4 ± 0.2 (5 – 7)	82.7
II (June – July)	1.2 ± 0.1 (1 – 2)	94.3	5.6 ± 0.3 (5 – 7)	87.9
III (July – Aug)	1.1 ± 0.1 (1 – 2)	96.3	5.5 ± 0.2 (5 – 7)	89.8
IV (Aug)	1.2 ± 0.1 (1 – 2)	98.8	5.5 ± 0.2 (5 – 7)	94.0
V (Sept – Oct)	1.4 ± 0.2 (1 – 2)	91.3	6.6 ± 0.3 (6 – 8)	88.9
VI (Oct – Nov)	1.4 ± 0.2 (1 – 2)	90.3	14.8 ± 0.3 (14 – 16)	69.6
VII (Nov – Jan)	2.5 ± 0.2 (2 – 3)	68.3	16.7 ± 0.3 (16 – 18)	42.9
VIII (Jan – Feb)	2.4 ± 0.2 (2 – 3)	74.4	21.2 ± 0.5 (19 – 23)	56.3
IX (Mar)	1.7 ± 0.2 (1 – 2)	81.0	10.3 ± 0.4 (9 – 12)	80.9

X (Mar – Apr)	1.3 ± 0.2 (1 – 2)	90.1	5.4 ± 0.2 (5 – 7)	85.5
XI (Apr – May)	1.1 ± 0.1 (1 – 2)	93.7	4.4 ± 0.2 (4 – 5)	86.4

Os números entre parênteses indicam valores de intervalo

4.1.1.4 Pupa

A pupa recém-formada era branca amarelada, mas depois tornou-se castanha escura e, por fim, negra antes da emergência do adulto. A pupação teve lugar no solo, num casulo de terra. No entanto, as larvas também puparam em frascos de plástico utilizados para a criação em massa do inseto em condições laboratoriais. A duração da pupa variou entre 5,6 - 24,8 dias entre as diferentes gerações em condições ambientais abertas e 4,4 - 21,2 dias durante as diferentes gerações em condições de estufa.

A duração máxima (24,8 dias) foi registada na geração VI (novembro - janeiro) em condições ambientais abertas (Quadro 4.9) e a duração mínima (4,4 dias) foi registada na geração XI (abril - maio) em condições de estufa (Quadro 4.10). Mann et al. (1995) registaram uma duração das pupas de 7,73 - 10,86 dias entre junho e outubro e de 22,66 dias em dezembro, no Punjab. Vashisth et al. (2012) registaram 5 - 12 dias para o desenvolvimento da pupa. A sobrevivência máxima das pupas (97,3 %) foi observada durante a geração III (julho - agosto) em ambiente aberto e a mínima (42,9 %) durante a geração VII (novembro - janeiro) em condições de estufa.

A pupa (placa 4.5) foi obtida e mediu 12,52 - 15,99 mm (x = 14,25 mm) de comprimento e 4,14 - 5,47 mm (x = 4,88 mm) de largura no caso do macho e 13,07 - 15,97 mm (x = 14,29 mm) de comprimento e 4,16 - 5,23 mm (x = 4,86 mm) de largura no caso da fêmea (quadro 4.7). A pupa pode ser sexuada em macho e fêmea observando o poro genital e a abertura anal na ponta do abdómen. O poro genital estava situado no 9.º segmento abdominal no caso dos machos e no 8.o segmento abdominal no caso das fêmeas. A abertura anal estava presente no décimo segmento em ambos os sexos. Vashisth et al. (2012) também relataram que a pupa mediu cerca de 17,00 - 20,00 mm (x = 18,55 mm) de comprimento e 5,00 - 7,00 mm (x = 5,85 mm) de largura, o que está de acordo com a presente descoberta. O peso das pupas foi de 240 - 290 mg (x = 266,5 mg) no caso dos machos e de 293 - 360 mg (x = 318,8 mg) no caso das fêmeas. Xue et al. (2010) referiram que a pupa macho tinha menos peso do que a fêmea.

4.1.1.5 Adulto

A emergência dos adultos ocorreu geralmente durante a noite. As asas anteriores dos machos e das fêmeas eram castanhas acinzentadas, com um padrão distinto de linhas e estrias brancas amareladas ao longo das nervuras (placas 4.6 e 4.7). Havia zonas azuladas acinzentadas na base e na ponta de cada asa anterior do macho. As asas posteriores, em ambos os sexos, eram branco-acinzentadas com nervuras e bordos castanhos. A longevidade adulta dos machos variou entre 7,2 - 13,6 dias e a das fêmeas entre 6,9 - 11,5 dias, em média, em diferentes gerações, em condições ambientais abertas (Quadro 4.11), ao passo que, em condições de estufa, a longevidade dos machos foi de 6,1 - 12,4 dias e a das fêmeas de 5,0 - 10,3 dias, em diferentes gerações (Quadro 4.12). Durante o estudo, a longevidade máxima dos machos adultos (13,6 dias) e das fêmeas (11,5 dias) registou-se na geração III em condições ambientais abertas e a mínima (6,1 e 5,0 dias, respetivamente) na geração VIII em condições de estufa. A longevidade dos adultos diminuiu com a diminuição da temperatura. Xue et al. (2010) também relataram que os adultos machos viveram mais tempo (7,4 - 8,8 dias) do que as fêmeas (6,6 - 7,7 dias). Do mesmo modo, Bae e Park (1999) referiram que a longevidade dos machos era mais longa do que a das fêmeas, o que está de acordo com os presentes resultados.

A razão sexual (macho : fêmea) durante as diferentes gerações foi a favor das fêmeas, variando entre 1 : 1,2 - 1 : 3,1 em condições ambientais abertas (quadro 4.11) e 1 : 1,9 - 1 : 3,2 em condições de estufa (quadro 4.12). Patel e Chari (1987) observaram que a razão sexual (macho : fêmea) era de 1 : 1,27. Singh et al. (1989) registaram a relação macho : fêmea de 1 : 2, o que apoia os nossos resultados.

As traças fêmeas eram maiores do que os machos. O comprimento do corpo da fêmea mediu 16,97 - 21,08 mm enquanto o do macho 16,24 - 18,48 mm. A envergadura das asas foi de 36,94 - 39,02 mm (x = 38,02 mm) e 34,93 - 37,01 mm (x = 35,97 mm) nos dois sexos, respetivamente (Tabela 4.7). O acasalamento ocorre geralmente ao fim da tarde, entre as 20.00 e as 21.00 horas, 1 **a** 2 dias após a emergência dos adultos. OuYang e Chu (1991) também referiram que a atividade de cópula em S. litura atingiu o seu pico às 19.00 - 20.00, 02.00 - 03.00 e 04.00 - 05.00 horas no primeiro, segundo e último dia, respetivamente. Cardona et al. (2007) relataram que o comprimento do corpo das mariposas macho e fêmea era de 19,30 e 19,06 mm, respetivamente. Vashisth et al. (2012), no entanto, relataram a extensão da asa de 36,10 mm no macho e 37,90 mm na fêmea, o que é comparável com a presente observação.

4.1.1.6 Períodos de pré-oviposição, oviposição e pós-oviposição

O período de pré-oviposição variou entre 1,2 - 5,4 dias em condições ambientais abertas (Quadro 4.11) e 1,1 - 4,3 dias em condições de estufa (Quadro 4.12). O período máximo (5,4 dias) foi registado na geração V (setembro - outubro) em condições ambientais abertas e o mínimo (1,1 dias) na geração XI (abril - maio) em estufa

Placa 4.6 Traça macho de S. Litura

Placa 4.7 Traça fêmea de S. litura

condições. O período de oviposição variou entre 1,2 - 7,7 dias entre as diferentes gerações em condições ambientais abertas (Tabela 4.11) e 1,3 - 6,8 dias em condições de estufa (Tabela 4.12). O período de oviposição mais longo foi registado na geração III (julho - agosto) e o mais curto na geração VI (novembro - janeiro) em condições ambientais abertas. Em condições de estufa, o período de oviposição mais longo e o mais curto foram registados nas gerações III e VII, respetivamente. O período pós-oviposição variou entre 0,5 - 2,1 dias em condições ambientais abertas (Quadro 4.11) e 0,4 - 2,5 dias em condições de estufa (Quadro 4.12).

A fecundidade máxima foi observada na geração III (3232,3 ovos) e a mínima na geração VI (907,9 ovos) em condições ambientais abertas, ao passo que, em condições de estufa, o máximo foi observado na geração IV (3643,1 ovos) e o mínimo na geração VII (1063,2 ovos).

Bae e Park (1999) registaram um período de pré-oviposição de 3,2 dias a 24 ^{0}C, 2,8 dias a 28 ^{0}C e 2,5 dias a 32 ^{0}C.

Thomas e Bilapate (2007) registaram que o período de oviposição de S. litura foi mais curto (6,80 dias) com a fecundidade mais elevada (4586,0 ovos) em LS-35 e mais longo (9,40 dias) com a fecundidade mais baixa (3163,3 ovos) em cultivares KBSH-1 de girassol. Singh et al. (1989) observaram que os períodos de pré-oviposição e oviposição variaram de **2-4** e **1-4** dias, respetivamente. OuYang e Chu (1991) relataram que o número médio de ovos depositados foi de 2815,61 e 3772,60 para fêmeas que acasalaram 1 e 3 vezes, respetivamente. Arora (1993) observou que o número médio de ovos postos por uma única fêmea era de 938 ± 12,2.

4.1.2 Número de gerações

Em condições ambientais abertas, S. litura, quando criada em folhas de pimentão, completou 9 gerações de 11 de maio de 2012 a 15 de maio de 2013 num ano (Tabela 4.13). O tempo de geração mais longo foi observado entre novembro **e** janeiro (Geração VI) e o mais curto **entre** maio **e** junho (Geração I).

Em condições de estufa, a lagarta do tabaco completou 11 gerações de 11 de maio de 2012 a 17 de maio de 2013 num ano (Quadro 4.14). O tempo de geração mais longo foi observado durante janeiro-fevereiro (Geração VIII) e o mais curto durante

Quadro 4.11 Longevidade e fecundidade dos adultos de *S. litura* durante diferentes gerações em condições ambientais abertas

Generation	Adult longevity (Mean ± S.E.) in days					Sex Ratio (Male: Female)	Fecundity (eggs/ female)
	Male	Female					
		Pre-oviposition period	Oviposition period	Post-oviposition period	Total longevity		
I (May – June)	12.4 ± 0.2 (12 – 13)	1.5 ± 0.2 (1 – 2)	7.4 ± 0.2 (7 – 9)	1.6 ± 0.3 (1 – 3)	10.5 ± 0.2 (10 – 12)	1 : 2.1	2380.5 ± 131.6 (1761 – 2841)
II (June – July)	12.5 ± 0.2 (12 – 13)	1.6 ± 0.2 (1 – 2)	7.1 ± 0.2 (6 – 8)	2.0 ± 0.3 (1 – 4)	10.7 ± 0.3 (10 – 12)	1 : 2.3	2439.8 ± 101.5 (1842 – 2863)
III (July – Aug)	13.6 ± 0.2 (13 – 14)	1.9 ± 0.2 (1 – 3)	7.7 ± 0.2 (7 – 9)	1.9 ± 0.2 (1 – 3)	11.5 ± 0.2 (11 – 13)	1 : 2.2	3232.3 ± 188.5 (1959 – 3925)
IV (Aug – Sept)	13.5 ± 0.2 (13 – 14)	2.2 ± 0.2 (1 – 3)	6.9 ± 0.3 (6 – 9)	1.6 ± 0.2 (1 – 3)	10.7 ± 0.3 (10 – 13)	1 : 1.8	2503.6 ± 126.5 (1813 – 3162)
V (Sept – Oct)	11.7 ± 0.3 (11 – 14)	5.4 ± 0.2 (5 – 6)	3.1 ± 0.1 (3 – 4)	1.4 ± 0.2 (1 – 2)	9.9 ± 0.3 (9 – 11)	1 : 3.1	2016.3 ± 112.9 (1383 – 2592)
VI (Nov – Jan)	7.2 ± 0.2 (6 – 8)	5.2 ± 0.1 (5 – 6)	1.2 ± 0.1 (0 – 3)	0.5 ± 0.2 (0 – 2)	6.9 ± 0.3 (5 – 8)	1 : 3.0	907.9 ± 94.9 (496 – 1337)
VII (Jan – Mar)	9.5 ± 0.2 (9 – 11)	2.3 ± 0.2 (2 – 3)	5.3 ± 0.2 (5 – 6)	1.2 ± 0.3 (0 – 3)	8.8 ± 0.2 (8 – 10)	1 : 2.0	1729.6 ± 74.7 (1329 – 2076)
VIII (Mar – Apr)	12.2 ± 0.1 (12 – 13)	1.6 ± 0.2 (1 – 2)	6.4 ± 0.2 (6 – 8)	2.1 ± 0.3 (1 – 4)	10.1 ± 0.3 (9 – 11)	1 : 1.1	2914.3 ± 169.0 (1927 – 3654)
IX (Apr – May)	10.7 ± 0.3 (10 – 12)	1.2 ± 0.1 (1 – 2)	6.4 ± 0.2 (6 – 7)	1.6 ± 0.2 (1 – 2)	9.2 ± 0.2 (8 – 10)	1 : 2.2	3170.1 ± 203.3 (1850 – 3961)

Os números entre parênteses indicam valores de intervalo

Quadro 4.12 Longevidade e fecundidade dos adultos de S. *litura* durante diferentes gerações em condições de estufa

Generation	Adult longevity (Mean ± S.E.) in days					Sex Ratio (Male: Female)	Fecundity (eggs/ female)
	Male	Female					
		Pre-oviposition period	Oviposition period	Post-oviposition period	Total longevity		
I (May – June)	12.3 ± 0.2 (12 – 13)	1.5 ± 0.2 (1 – 2)	6.5 ± 0.2 (6 – 8)	2.3 ± 0.2 (2 – 3)	10.3 ± 0.2 (10 – 12)	1 : 1.9	3189.8 ± 218.5 (1954 – 3927)
II (June – July)	12.4 ± 0.2 (12 – 13)	1.3 ± 0.2 (1 – 2)	6.6 ± 0.2 (6 – 8)	1.5 ± 0.2 (1 – 2)	9.4 ± 0.3 (9 – 12)	1 : 2.6	2970.3 ± 257.8 (1823 – 3846)
III (July – Aug)	12.3 ± 0.2 (12 – 13)	1.4 ± 0.2 (1 – 2)	6.8 ± 0.2 (6 – 8)	2.1 ± 0.2 (1 – 3)	10.3 ± 0.4 (9 – 12)	1 : 2.2	3227.5 ± 243.9 (1896 – 3906)
IV (Aug)	10.3 ± 0.2 (9 – 11)	2.2 ± 0.1 (2 – 3)	6.3 ± 0.2 (6 – 8)	1.3 ± 0.2 (1 – 3)	9.7 ± 0.2 (8 – 10)	1 : 3.2	3643.1 ± 254.5 (2065 – 4835)
V (Sept – Oct)	9.7 ± 0.2 (9 – 10)	2.7 ± 0.2 (2 – 3)	5.4 ± 0.2 (5 – 7)	1.4 ± 0.2 (1 – 2)	9.4 ± 0.3 (7 – 10)	1 : 2.6	3329.3 ± 239.2 (1917 – 4121)
VI (Oct – Nov)	8.4 ± 0.2 (8 – 9)	3.7 ± 0.3 (3 – 5)	2.7 ± 0.2 (2 – 3)	1.0 ± 0.3 (0 – 3)	7.4 ± 0.3 (6 – 8)	1 : 3.0	1776.3 ± 41.6 (1725 – 1946)
VII (Nov – Jan)	6.3 ± 0.2 (6 – 8)	4.3 ± 0.2 (4 – 6)	1.3 ± 0.2 (1 – 2)	0.4 ± 0.3 (0 – 3)	5.3 ± 0.3 (5 – 6)	1 : 2.8	1063.2 ± 24.0 (948 – 1187)
VIII (Jan – Feb)	6.1 ± 0.1 (6 – 7)	4.0 ± 0.3 (3 – 5)	1.5 ± 0.2 (1 – 2)	0.5 ± 0.3 (0 – 3)	5.0 ± 0.3 (4 – 6)	1 : 2.7	1271.7 ± 21.1 (1163 – 1374)
IX (Mar)	11.9 ± 0.2 (11 – 13)	2.4 ± 0.2 (2 – 3)	5.3 ± 0.2 (5 – 6)	2.2 ± 0.3 (1 – 4)	9.4 ± 0.2 (8 – 10)	1 : 2.3	2573.0 ± 128.0 (1842 – 2963)
X (Mar – Apr)	12.3 ± 0.2 (12 – 13)	1.3 ± 0.2 (1 – 2)	6.3 ± 0.2 (6 – 7)	2.5 ± 0.3 (1 – 4)	10.1 ± 0.3 (9 – 12)	1 : 2.0	3096.5 ± 243.9 (1823 – 3972)
XI (Apr – May)	11.9 ± 0.3 (11 – 13)	1.1 ± 0.1 (1 – 2)	6.2 ± 0.1 (6 – 8)	2.2 ± 0.2 (1 – 3)	9.5 ± 0.3 (9 – 11)	1 : 2.1	2641.9 ± 233.3 (1683 – 3365)

Os números entre parênteses indicam valores de intervalo

abril - maio (Geração XI). Foram registadas mais duas gerações em estufa em comparação com as condições ao ar livre, o que pode dever-se ao ambiente congénito da estufa para o desenvolvimento da praga. Mann et al. (1995) registaram 5 gerações de *S. litura* **entre** junho **e** dezembro em algodão no Punjab. Verificou-se também que, com o aumento da temperatura em ambas as condições, o período total de desenvolvimento de *S. litura* foi encurtado, o que indica que a temperatura é inversamente proporcional ao período total de desenvolvimento, apresentado graficamente nas figuras 4.1 e 4.2.

Quadro 4.13 Ciclo de vida sazonal de S. litura **em condições ambientais abertas**

Generation	Period	Duration (in days)
I	May 11 – June 8, 2012	29
II	June 10 – July 13	34
III	July 15 – August 17	34
IV	August 19 – September 24	37
V	September 26 – October 30	35
VI	November 4 – January 8, 2013	66
VII	January 13 – March 6	53
VIII	March 8 – April 12	36
IX	April 14 – May 15	32

Quadro 4.14 Ciclo de vida sazonal de S. litura **em condições de estufa**

Generation	Period	Duration (in days)
I	May 11 – June 5, 2012	26
II	June 7 – July 4	28
III	July 6 – August 1	27
IV	August 3 – 31	29
V	September 2 – October 5	34
VI	October 7 – November 18	43
VII	November 21 – January 6, 2013	47
VIII	January 10 – February 27	49
IX	March 2 – 29	28
X	March 31 – April 24	25
XI	April 26 – May 17	22

4.2 Bioeficácia dos insecticidas

4.2.1 Toxicidade intrínseca

Resultados dos estudos laboratoriais de bioensaio de 6 insecticidas, nomeadamente indoxacarbe (Dhawa), flubendiamida (Fame), novalurão (Pedestal), bifentrina (Hectastar), clorantraniliprole/ rynaxypyr (Coragen) e benzoato de emamectina (Proclaim) e 3 biopesticidas i.e. SlNPV (Spodo-Cide), Bacillus thuringiensis var. kurstaki (Lipel) e azadiractina (Neem Baan) usando o método de imersão foliar contra as larvas de terceiro instar de S. litura são apresentados nas Tabelas 4.15 ẽ 4.23.

4.2.1.1 Indoxacarbe

As larvas de terceiro instar de S. litura, quando alimentadas com folhas de capsicum tratadas com indoxacarb em concentrações que variam de 0,625 a 10,0 ppm, experimentaram mortalidade na faixa de 20,0 **a** 80,0 por cento. No entanto, foi observada uma mortalidade de 3,3 por cento no controlo em que as folhas foram mergulhadas **apenas** em água destilada. **Depois de corrigir os dados de mortalidade utilizando a correção de Abbott e submetendo-os** a uma análise probit, obteve-se uma concentração letal média de 2,08 ppm. A sua

Fig. 4.1 Dados meteorológicos relativos à geração (em ambiente aberto) durante o período de estudo, 2012-13

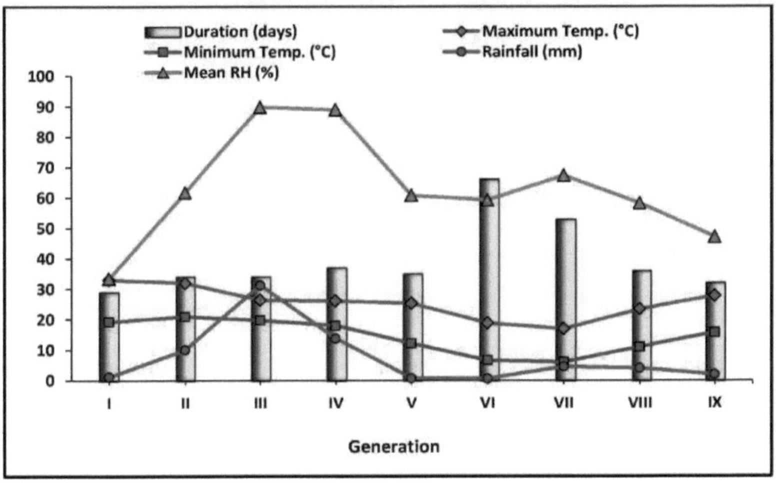

Fig. 4.2 Dados meteorológicos relativos à geração (em estufa) durante o período de estudo, 2012-13

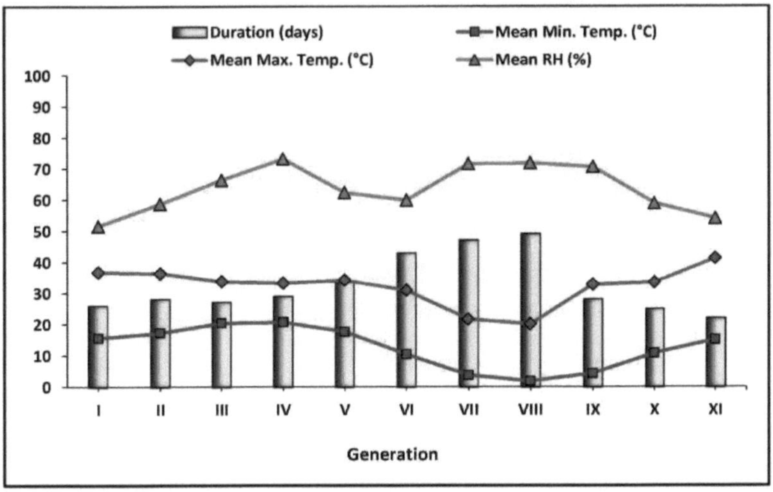

Os limites fiduciais inferior e superior foram de 1,32 e 3,06 ppm, respetivamente. A concentração deste inseticida necessária para matar 90 % da população testada foi estimada em 18,56 ppm, sendo os seus limites fiduciais 11,76 e 29,29 ppm (Quadro 4.15, Fig. 4.3).

Quadro 4.15 Resposta concentração-mortalidade de larvas de terceiro instar de S. litura **ao indoxacarbe**

Conc. (ppm)	Log (Conc. x 10^2)	No. of insects treated	Observed mortality (%)	Corrected mortality (%)	Empirical probit	Expected probit
10.0	3.00	30	80.0	79.3	5.82	5.92
5.0	2.70	30	70.0	69.0	5.50	5.51
2.5	2.40	30	60.0	58.6	5.22	5.22
1.25	2.10	30	46.7	44.8	4.87	4.67
0.625	1.80	30	20.0	17.2	4.05	4.26
Control	-	30	3.3	0.0	-	-

Regression equation: Y= 1.88 + 1.35 X
Heterogeneity:
χ^2_{cal} = 1.69
χ^2_{tab} (p=0.05, 3df) = 7.82
LC_{50} (Fiducial limits) ppm = 2.08 (1.32 - 3.06)
LC_{90} (Fiducial limits) ppm = 18.56 (11.76 - 29.29)

A morte probit (Y) foi linearmente relacionada com a concentração logarítmica (X) através da equação de regressão Y= 1,88 + 1,35 X. Não foi registada qualquer heterogeneidade significativa nos dados, uma vez que o qui-quadrado calculado (**χ^2cal**) foi inferior ao valor tabelado (**χ^2tab**) a um nível de rejeição de 5 por cento e 3 graus de liberdade. O instar larvar testado de S. litura foi considerado muito suscetível ao indoxacarbe, como é evidente pelo valor **LC50**. Ramanagouda e Srivastava (2009) estimaram os valores **LC50** do indoxacarbe contra as larvas de 7 dias de idade de S. litura por bioensaio de imersão em folha como 2,0 ppm.

4.2.1.2 Flubendiamida

O bioensaio foi efectuado expondo as larvas de terceiro instar de S. litura às folhas de Capsicum tratadas por imersão com flubendiamida em concentrações que variam entre 0,25 e 4,0 ppm. Este inseticida matou os insectos tratados de forma dependente da concentração e a mortalidade variou entre 16,7 e 83,3 por cento, enquanto não houve mortalidade no controlo. A **CL50** da flubendiamida com limites fiduciais foi observada como 0,88 (0,61 - 1,23) ppm, enquanto a **$CL9_0$** foi de 5,95 (4,14 - 8,54) ppm (Tabela 4.16).

A equação de regressão do probit kill (Y) sobre a concentração logarítmica (X) foi Y= 1,99 + 1,55 X (Fig. 4.4). O teste do qui-quadrado não revelou heterogeneidade dos dados, uma vez que o valor calculado de ^{2} (0,43) foi inferior ao seu valor tabelado (7,82) a p = 0,05 e 3 df. Hirooka et al. (2007a) realizaram bioensaios de pulverização foliar em H. armigera utilizando flubendiamida e registaram um valor **LC50** de 0,079 ppm 4 dias após o tratamento. No entanto, o presente estudo revelou um valor **LC50** mais elevado (0,88 ppm) do inseticida contra as larvas de terceiro instar de S. litura quando testado pelo método de imersão foliar.

O valor **LC50** mais elevado pode ser atribuído à idade e à tolerância do inseto testado, que é uma espécie diferente de lepidóptero.

Quadro 4.16 Resposta concentração-mortalidade de larvas de terceiro instar de S. litura **à** flubendiamida

Conc. (ppm)	Log (Conc. x 10^2)	No. of insects treated	Observed mortality (%)	Corrected mortality (%)	Empirical probit	Expected probit
4.0	2.60	30	83.3	83.3	5.97	6.02
2.0	2.30	30	70.0	70.0	5.52	5.54
1.0	2.00	30	56.7	56.7	5.17	5.17
0.5	1.70	30	36.7	36.7	4.66	4.60
0.25	1.40	30	16.7	16.7	4.03	4.13
Control	-	30	0.0	0.0	-	-

Regression equation: Y= 1.99 + 1.55 X
Heterogeneity:
χ^2_{cal} = 0.43
χ^2_{tab} (p=0.05, 3df) = 7.82
LC_{50} (Fiducial limits) ppm = 0.88 (0.61 - 1.23)
LC_{90} (Fiducial limits) ppm = 5.95 (4.14 - 8.54)

4.2.1.3 Novaluron

As larvas de terceiro instar de S. litura, quando alimentadas com folhas tratadas por imersão com novalurão em concentrações de 6,25, 12,5, 25,0, 50,0 e 100,0 ppm, sofreram uma mortalidade dependente da dose de 16,7, 36,7, 53,3, 70,0 e 90,0 por cento após 72 horas, contra 3,3 por cento de mortalidade no controlo. A análise Probit dos dados revelou que eram necessários 22,75 e 117,52 ppm de novalurão para matar 50 e 90 por cento da população testada, respetivamente (Quadro 4.17). O teste do qui-quadrado mostrou que os dados eram homogéneos (**χ^2cal**: 0,54; **χ^2tab**: 7,82) a p = 0,05 e 3 graus de liberdade. O teste Probit seguiu uma relação linear com a concentração de log como Y= 0,77 + 1,79 X (Fig. 4.5). Dhawan et al. (2007b) avaliaram que a **CL50** do novalurão contra larvas de terceiro instar de S. litura era de 0,002 por cento, ou seja, 20 ppm.

Quadro 4.17 Resposta concentração-mortalidade de larvas de terceiro instar de S. litura **ao** novalurão

Conc. (ppm)	Log (Conc. x 10)	No. of insects treated	Observed mortality (%)	Corrected mortality (%)	Empirical probit	Expected probit
100.0	3.00	30	90.0	89.7	6.26	6.18
50.0	2.70	30	70.0	69.0	5.50	5.63
25.0	2.40	30	53.3	51.7	5.04	5.07
12.5	2.10	30	36.7	34.5	4.60	4.51
6.25	1.80	30	16.7	13.8	3.91	3.74
Control	-	30	3.3	0.0	-	-

Regression equation: Y= 0.77 + 1.79 X
Heterogeneity:
χ^2_{cal} = 0.54
χ^2_{tab} (p=0.05, 3df) = 7.82
LC_{50} (Fiducial limits) ppm = 22.75 (15.95 – 30.99)
LC_{90} (Fiducial limits) ppm = 117.52 (86.21 – 160.20)

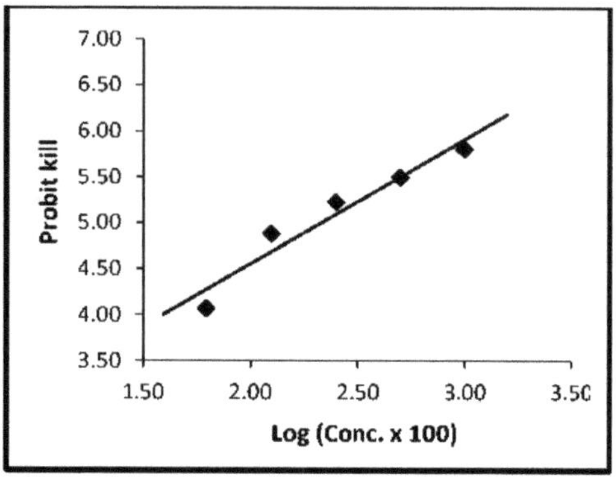

Fig. 4.3 Curva de resposta concentração-mortalidade do indoxacarbe para S. litura

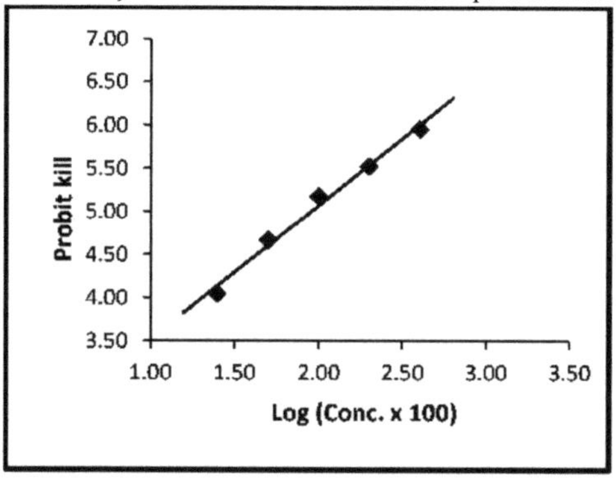

Fig. 4.4 Curva de resposta concentração-mortalidade da flubendiamida para S. litura

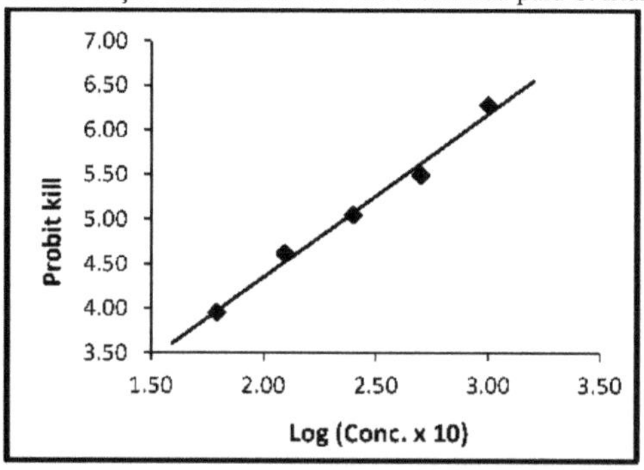

Fig. 4.5 Curva de resposta concentração-mortalidade do novalurão em S. Litura

4.2.1.4 Bifentrina

As folhas tratadas com bifentrina quando oferecidas às larvas de terceiro instar em concentrações que variam de 0,16 - 2,56 ppm resultaram numa mortalidade de 16,7 a 83,3 por cento. No tratamento de controlo, em que as larvas foram alimentadas com folhas mergulhadas apenas em água destilada, não se registou qualquer mortalidade. Depois de submeter os dados de mortalidade a uma análise probit, foram obtidos valores **LC50** e **LC90** de 0,63 e 4,46 ppm, respetivamente (Tabela 4.18, Fig. 4.6). A mortalidade probit foi linearmente relacionada com a concentração logarítmica pela equação de regressão Y= 2,28 + 1,50 X e os dados foram homogéneos (χ^2**cal**: 0,45; χ^2**tab**: 7,82) a um nível de rejeição de 5 por cento e 3 graus de liberdade. Gupta et al. (2004) estimaram os valores **LC50** da bifentrina contra larvas de S. litura com 5 dias de idade utilizando **a torre de Potter como 0,51 ppm.**

Quadro 4.18 Resposta concentração-mortalidade de larvas de terceiro instar de S. litura **à bifentrina**

Conc. (ppm)	Log (Conc. x 10^2)	No. of insects treated	Observed mortality (%)	Corrected mortality (%)	Empirical probit	Expected probit
2.56	2.41	30	83.3	83.3	5.97	5.93
1.28	2.11	30	66.7	66.7	5.43	5.47
0.64	1.81	30	46.7	46.7	4.92	5.00
0.32	1.51	30	36.7	36.7	4.66	4.54
0.16	1.20	30	16.7	16.7	4.03	4.07
Control	-	30	0.0	0.0	-	-

Regression equation: Y= 2.28 +1.50 X
Heterogeneity:
χ^2_{cal} = 0.45
χ^2_{tab} (p=0.05, 3df) = 7.82
LC_{50} (Fiducial limits) ppm = 0.63 (0.44 - 0.90)
LC_{90} (Fiducial limits) ppm = 4.46 (3.02 - 6.59)

4.2.1.5 Clorantraniliprolo (Rynaxypyr)

O clorantraniliprole, quando testado contra as larvas de terceiro instar de S. litura nas concentrações de 0,01, 0,02, 0,04, 0,08 e 0,16 ppm através do método de bioensaio de imersão nas folhas, resultou em 13,3, 43,3, 60,0, 66,7 e 90,0 por cento de mortalidade, respetivamente. No tratamento de controlo, foi observada uma mortalidade de 3,3 por cento. Após **submeter os dados de mortalidade à** análise **probit de Finney**, foram obtidos valores **LC50** e **LC90** de 0,03 e 0,21 ppm, respetivamente (Tabela 4.19). Verificou-se que a mortalidade probit está linearmente relacionada com a concentração logarítmica (Y= 2,43 + 1,64 X) e os dados foram considerados homogéneos (χ^2**cal**: 2,25; χ^2**tab**: 7,82) a um nível de rejeição de 5 por cento e 3 graus de liberdade (Fig. 4.7). Temple et al. (2009) referiram que as larvas de Helicoverpa zea (Boddie), Spodoptera frugiperda (JE Smith) e Helicoverpa virescens (Fabricius) demonstraram uma suscetibilidade semelhante ao clorantraniliprole no bioensaio com dieta tratada com inseticida, com valores de **CL50** que variam entre 0,02 e 0,09 ppm.

Quadro 4.19 Resposta concentração-mortalidade de larvas de terceiro instar de S. litura **ao clorantraniliprole**

Conc. (ppm)	Log (Conc. x 10^3)	No. of insects treated	Observed mortality (%)	Corrected mortality (%)	Empirical probit	Expected probit
0.16	2.20	30	90.0	89.7	6.26	6.22
0.08	1.90	30	66.7	65.5	5.40	5.64
0.04	1.60	30	60.0	58.6	5.22	5.07
0.02	1.30	30	43.3	41.4	4.78	4.51
0.01	1.00	30	13.3	10.3	3.74	3.74
Control	-	30	3.3	0.0	-	-

Regression equation: Y= 2.43 +1.64 X
Heterogeneity:
χ^2_{cal} = 2.25
χ^2_{tab} (p=0.05, 3df) = 7.82
LC_{50} (Fiducial limits) ppm = 0.03 (0.02 - 0.05)
LC_{90} (Fiducial limits) ppm = 0.21 (0.15 - 0.32)

4.2.1.6 SlNPV

As larvas de terceiro instar de S. litura, quando alimentadas com folhas tratadas com SlNPV em concentrações que variam de 3,125 x 10^4 a 5,0 x 10^5 POB/ml, registaram uma mortalidade de 6,7 a 86,7% após 72 horas.

No entanto, não foi observada qualquer mortalidade no controlo (Tabela 4.20). A **LC50** do SlNPV com limites fiduciais foi observada como 1,32 x **105** (1,01 x **105** - 1,73 x **105**) POB/ ml enquanto a **LC90** foi 5,51 x **105** (4,27 x **105** - 7,10 x 10^5) POB/ ml.

Foi observada uma relação linear (Y= 0,63 + 2,06 X) entre o probit kill e a concentração logarítmica (Fig. 4.8). Não foi observada heterogeneidade significativa nos dados a um nível de rejeição de 5 por cento e 3 graus de liberdade, uma vez que o valor do qui-quadrado calculado foi inferior ao valor tabelado (χ^2**cal**: 0,75; χ^2**tab**: 7,82).

Pathania (2011) estimou os valores **LC50** e **LC90** de SlNPV contra larvas de terceiro instar de S. litura pelo método de imersão em folha como 4,50 x 10^5 e 4,80 x 10^6 POB/ ml, respetivamente, o que é 3,4 vezes maior.

Quadro 4.20 Resposta concentração-mortalidade de larvas de terceiro instar de S. litura **ao** SlNPV

Conc. (POB/ ml)	Log (Conc. x 10^{-3})	No. of insects treated	Observed mortality (%)	Corrected mortality (%)	Empirical probit	Expected probit
5.0 x 10^5	2.70	30	86.7	86.7	6.18	6.11
2.5 x 10^5	2.40	30	70.0	70.0	5.56	5.52
1.25 x 10^5	2.10	30	53.3	53.3	4.92	5.08
6.25 x 10^4	1.80	30	26.7	26.7	4.28	4.38
3.125 x 10^4	1.49	30	6.7	6.7	3.64	3.50
Control	-	30	0.0	0.0	-	-

Regression equation: Y= 0.63 +2.06 X

Heterogeneity:

χ^2_{cal} = 0.75

χ^2_{tab} (p=0.05, 3df) = 7.82

LC_{50} (Fiducial limits) POB/ml = 1.32 x 10^5 (1.01 x 10^5 – 1.73 x 10^5)

LC_{90} (Fiducial limits) POB/ml = 5.51 x 10^5 (4.27 x 10^5 – 7.10 x 10^5)

4.2.1.7 Benzoato de emamectina

As folhas de Capsicum tratadas com diferentes concentrações de benzoato de emamectina (0,25 a 4,0 ppm) foram dadas como alimento a larvas de terceiro instar de S. litura e a percentagem de mortalidade após 24 horas foi observada como sendo de 20,0 a 86,7. Os dados de mortalidade revelaram que a concentração de benzoato de emamectina necessária para matar 50% da população testada foi de 0,73 ppm com limites fiduciais inferior e superior de 0,49 e 1,01 ppm, respetivamente (Quadro 4.21).

A equação de regressão do probit de morte (Y) em relação à concentração logarítmica (X) foi Y= 2,17 + 1,51 X (Fig. 4.9). O teste do qui-quadrado não revelou qualquer heterogeneidade dos dados, uma vez que o valor calculado do qui-quadrado (0,92) foi inferior ao valor tabelado (7,82) a uma probabilidade de 0,05 e 3 graus de liberdade. Birah et al. (2008) registaram o valor **LC50** do benzoato de emamectina

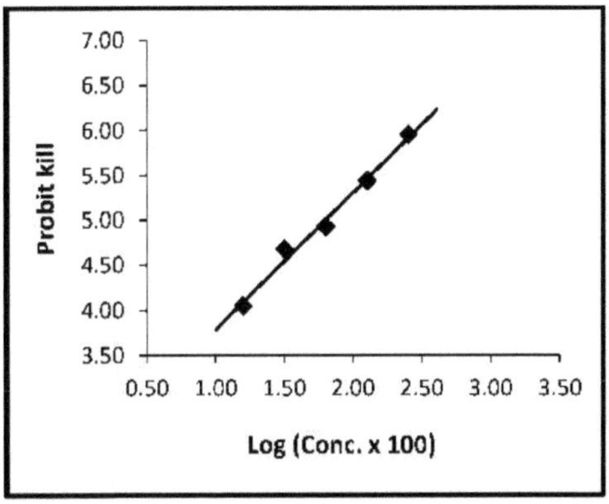

Fig. 4.6 Curva de resposta concentração-mortalidade da bifentrina para S. litura

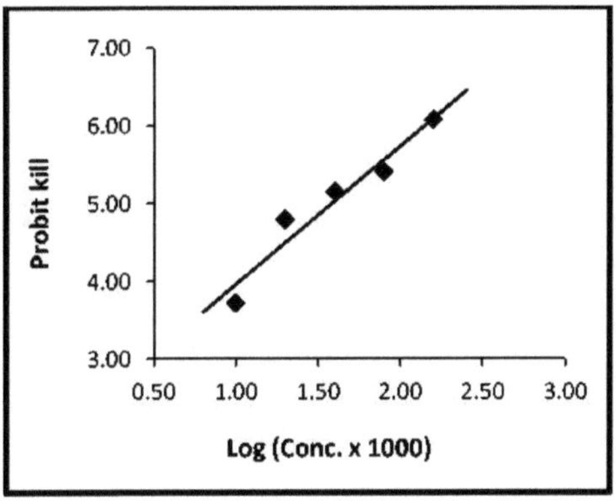

Fig. 4.7 Curva de resposta concentração-mortalidade do clorantraniliprole para S. litura

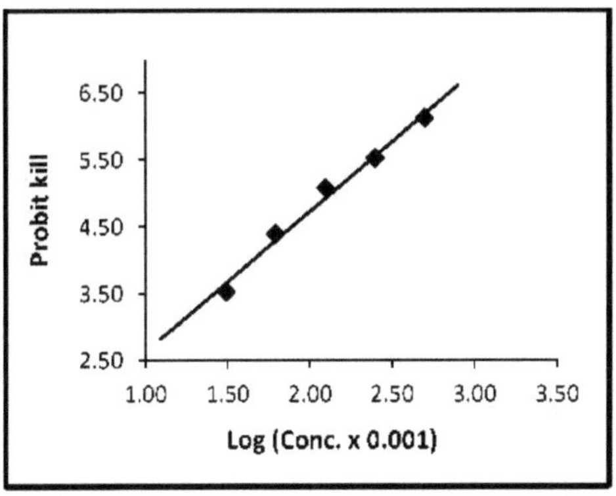

Fig. 4.8 Curva de resposta concentração-mortalidade do **SlNPV para S. Litura**

contra larvas de 5 e 7 dias de idade de S. litura pelo método de imersão em folha como 0,00005 e 0,00017 por cento, o que corresponde a 0,5 e 1,7 ppm, respetivamente. No entanto, o presente estudo revelou um valor LC_{50} de 0,73 ppm, ou seja, 0,000073 por cento, contra as larvas de terceiro instar de S. litura quando testadas pelo método de imersão em folha, o que se situa entre os valores relatados acima por Birah et al. (2008).

Quadro 4.21 Resposta concentração-mortalidade de larvas de terceiro instar de S. litura **ao benzoato de emamectina**

Conc. (ppm)	Log (Conc. x 10^2)	No. of insects treated	Observed mortality (%)	Corrected mortality (%)	Empirical probit	Expected probit
4.0	2.60	30	86.7	86.7	6.11	6.12
2.0	2.30	30	73.3	73.3	5.62	5.66
1.0	2.00	30	56.7	56.7	5.17	5.19
0.5	1.70	30	46.7	46.7	4.92	4.73
0.25	1.40	30	20.0	20.0	4.16	4.28
Control	-	30	0.0	0.0	-	-

Regression equation: Y= 2.17 + 1.51 X
Heterogeneity:
χ^2_{cal} = 0.92
χ^2_{tab} (p=0.05, 3df) = 7.82
LC_{50} (Fiducial limits) ppm = 0.73 (0.49 - 1.01)
LC_{90} (Fiducial limits) ppm = 5.10 (3.58 - 7.27)

4.2.1.8 Bacillus thuringiensis **var.** kurstaki

As concentrações de Btk de 0,0125, 0,025, 0,05, 0,1 e 0,2 por cento deram uma mortalidade respectiva de 16,7, 43,3, 53,3, 66,7 e 86,7 por cento de larvas de terceiro instar de S. litura. Não foi registada qualquer mortalidade no controlo. Quando os dados de mortalidade foram submetidos à análise probit, foram obtidos valores LC_{50} e LC_{90} de 0,04 e 0,28 por cento, respetivamente (Tabela 4.22). O valor χ^2_{cal} (1,27) revelou que os dados eram homogéneos a p=0,05 e 3 df e a inclinação (b) da linha de regressão foi 1,55 ± 0,28 (Fig. 4.10). Sharma (2012) estimou os valores LC_{50} e LC_{90} de Bt contra larvas de terceiro instar de cutworm através da preparação de iscos como 0,03 e 0,31 por cento, respetivamente.

Quadro 4.22 Resposta concentração-mortalidade de larvas de terceiro instar de S. litura **ao Btk**

Conc. (%)	Log (Conc. x 10^3)	No. of insects treated	Observed mortality (%)	Corrected mortality (%)	Empirical probit	Expected probit
0.2	2.30	30	86.7	86.7	6.11	6.05
0.1	2.00	30	66.7	66.7	5.43	5.57
0.05	1.70	30	53.3	53.3	5.08	5.08
0.025	1.40	30	43.3	43.3	4.83	4.62
0.0125	1.10	30	16.7	16.7	4.03	4.15
Control	-	30	0.0	0.0	-	-

Regression equation: Y= 2.47 + 1.55 X
Heterogeneity:
χ^2_{cal} = 1.27
χ^2_{tab} (p=0.05, 3df) = 7.82
LC_{50} (Fiducial limits) % = 0.04 (0.02 - 0.05)
LC_{90} (Fiducial limits) % = 0.28 (0.19 - 0.41)

4.2.1.9 Neem (Azadiractina)

O bioensaio foi realizado para estudar a atividade anti-alimentar da azadiractina para larvas de terceiro instar de S. litura.

A azadiractina resultou numa inibição de 19,4 a 97,4% da alimentação da praga em concentrações que variaram de 1,25 a 20,0 ppm de uma forma dependente da concentração. Os dados de inibição da alimentação revelaram que a concentração de azadiractina necessária para inibir 50 por cento da alimentação da folhagem (**EC50**) foi de 4,16 ppm com limites fiduciais inferior e superior de 3,06 e 5,60 ppm, respetivamente (Tabela 4.23).

A equação de regressão da inibição de alimentação probit (Y) na concentração logarítmica (X) foi Y= 1,93 + 1,90 X (Fig. 4.9). O teste do qui-quadrado não revelou heterogeneidade dos dados, uma vez que o valor calculado do qui-quadrado (3,64) foi inferior ao valor tabelado (7,82) a uma probabilidade de 0,05 e 3 graus de liberdade. Singh (2006) referiu que a concentração mais elevada de azadiractina (3,0 ppm) revelou uma maior dissuasão alimentar com uma área de alimentação mais reduzida contra S. litura, em comparação com o controlo.

Quadro 4.23 Resposta de inibição da alimentação de larvas de terceiro instar de S. litura **à azadiractina**

Conc. (ppm)	Log (Conc. x 10)	No. of insects treated	Feeding inhibition (%)	Corrected feeding inhibition (%)	Empirical probit	Expected probit
20.0	2.30	30	97.4	97.4	6.94	6.56
10.0	2.00	30	71.4	71.4	5.57	5.91
5.0	1.70	30	49.1	49.1	4.98	5.25
2.5	1.40	30	35.6	35.6	4.63	4.63
1.25	1.10	30	19.4	19.4	4.14	3.94
Control	-	30	0.0	0.0	-	-

Regression equation: Y= 1.93 + 1.90 X

Heterogeneity:

χ^2_{cal} = 3.64

χ^2_{tab} (p=0.05, 3df) = 7.82

EC_{50} (Fiducial limits) ppm = 4.16 (3.06 – 5.60)

EC_{90} (Fiducial limits) ppm = 19.70 (14.67 – 26.44)

Os estudos de bioensaio realizados para determinar a ordem de toxicidade de seis insecticidas, segundo o método de imersão foliar, contra as larvas de terceiro instar de S. litura, com base nos valores **LC50**, revelaram que o clorantraniliprole, a bifentrina, o benzoato de emamectina, a flubendiamida, o indoxacarbe e o novalurão se encontram na ordem decrescente de toxicidade, com valores **LC50** respectivos de 0,03, 0,63, 0,73, 0,88, 2,08 e 22,75 ppm.

Os valores **LC50** de dois biopesticidas, ou seja, SlNPV e Btk, foram 1,32 x 10^5 POB/ml e 0,04 por cento, respetivamente. A concentração de azadiractina necessária para inibir 50 por cento da alimentação foliar, ou seja, **EC50**, foi estimada em 4,16 ppm. Tomando o novalurão como unidade, as toxicidades relativas correspondentes calculadas foram 758,33, 36,11, 31,16, 22,85 e 10,94 para o clorantraniliprolo, a bifentrina, o benzoato de emamectina, a flubendiamida e o indoxacarbe. Verificou-se que o clorantraniliprole e a bifentrina são os mais tóxicos para as larvas de terceiro instar de S. litura em condições laboratoriais.

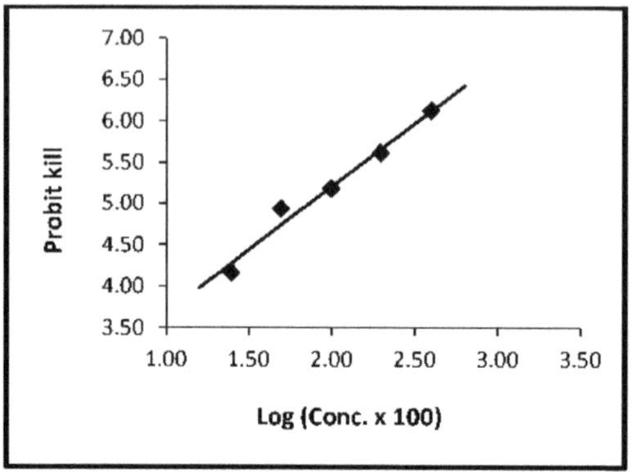

Fig. 4.9 Curva de resposta concentração-mortalidade do benzoato de emamectina para S. litura

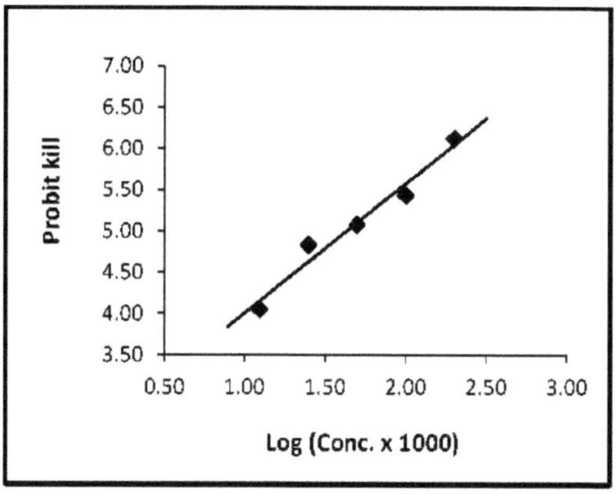

Fig. 4.10 Curva de resposta concentração-mortalidade de Btk em S. litura

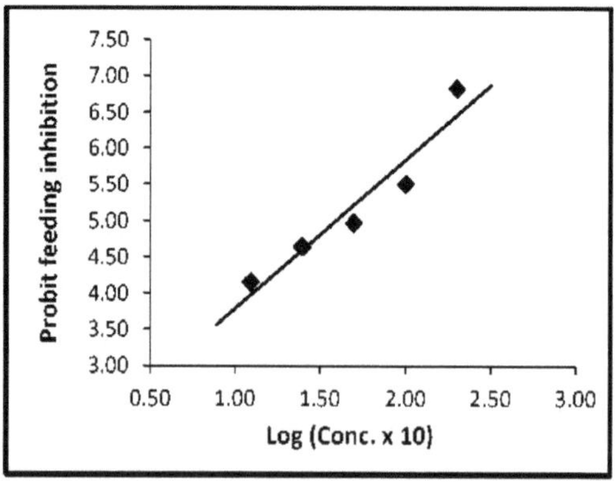

Fig. 4.11 Curva de resposta à inibição da alimentação por concentração de azadiractina em S. Litura

4.1.3 Eficácia no terreno

Foi avaliada a eficácia no terreno de seis insecticidas, nomeadamente indoxacarbe (0,005 %), flubendiamida (0,008 %), novalurão (0,01 %), bifentrina (0,005 %), clorantraniliprole (0,005 %) e benzoato de emamectina (0,001 %), e de três biopesticidas, nomeadamente SlNPV (1 x 10(6 POB/ml) e azadiractina (0,002 %), contra larvas de terceiro instar.e. SlNPV (1 x 10^6 POB/ ml), Btk (0,032 %) e azadiractina (0,002 %) foram avaliados contra as larvas de terceiro instar de S. litura em Capsicum (cv. Orobelle) em ambiente protegido (estufa). Os resultados são apresentados nos quadros 4.24.

A análise dos dados apresentados no quadro 4.24 revela que a população de larvas no início da experiência (contagem pré-tratamento) variava entre 17,00 **e** 19,33 por parcela. Um dia após a pulverização (DAS), todos os novos insecticidas, com exceção do clorantraniliprole e do novalurão, provocaram uma redução significativamente mais elevada da população de larvas, que variou entre 84,9 e 92,9 por cento, coincidindo o máximo com a flubendiamida, seguida do indoxacarbe. Os insecticidas pertencentes a outros grupos resultaram numa redução significativamente menor da população.

Observou-se uma tendência quase semelhante aos 3 DAS em relação aos novos insecticidas, com uma redução da população de 90,4 a 98,2 por cento. O benzoato de emamectina provocou uma redução significativamente maior da população, seguido da flubendiamida, estando ao mesmo nível de todos os outros novos insecticidas.

A eficácia do novalurão, da azadiractina e do Btk também melhorou consideravelmente e resultou numa redução de 90,4, 52,8 e 36,9 por cento da população em relação ao controlo não tratado, respetivamente. No entanto, aos 7 DAS, o benzoato de emamectina e o novalurão provocaram a maior redução da população de larvas (100%), sendo iguais a todos os outros novos insecticidas. A eficácia do SlNPV, da azadiractina e do Btk também melhorou consideravelmente e resultou numa redução de 73,0, 69,9 e 63,3 por cento da população em relação ao controlo não tratado, respetivamente. No total, a flubendiamida seguida do benzoato de emamectina foram os mais eficazes na redução da população larvar (96,34 e 94,81 %, respetivamente), estando ao mesmo nível entre si e seguidos de perto pelo indoxacarb e a bifentrina (Fig. 4.12).

O SlNPV foi o menos eficaz. A eficácia dos insecticidas melhorou até aos 3 DAS e manteve-se igual até aos 7 DAS.

Quadro 4.24 Eficácia dos insecticidas e biopesticidas contra S. *litura* no pimento em estufa

Insecticides	**Concentration**	**Mean larval population count in per plot**				
		1 DBS	**1 DAS**	**3 DAS**	**7 DAS**	**Mean**
Indoxacarb	0.005 %	18.67	2.33 (87.5)	1.00 (94.4)	0.33 (98.0)	1.22 (93.32)
Flubendiamide	0.008 %	18.67	1.33 (92.9)	0.33 (98.1)	0.33 (98.0)	0.66 (96.34)
Novaluron	0.01 %	18.00	17.67 (1.9)	1.67(90.4)	0.00 (100.0)	6.45 (64.08)
Bifenthrin	0.005 %	17.67	2.67 (84.9)	0.67 (96.1)	0.33 (97.9)	1.22 (92.97)
Chlorantraniliprole	0.006 %	18.33	5.66 (69.1)	1.67 (90.6)	0.33 (98.0)	2.56 (85.88)
SlNPV	1 x 10^6 POB/ ml	17.67	17.67 (0.0)	15.67 (7.9)	4.33 (73.0)	12.56 (26.96)
Emamectin benzoate	0.001 %	19.33	2.67 (86.2)	0.33 (98.2)	0.00 (100.0)	1.00 (94.81)
Btk	0.032 %	17.00	17.00 (0.0)	10.33 (36.9)	5.67 (63.3)	11.00 (33.38)
Azadirachtin	0.002 %	18.33	16.67 (9.1)	8.33 (52.8)	5.00 (69.9)	10.00 (43.94)
Untreated check	-	18.00	18.00 (0.0)	17.33 (0.0)	16.33 (0.0)	-
CD (P=0.05)		**NS**	**1.30**	**1.34**	**1.02**	

Os números entre parênteses indicam a percentagem de redução da população larvar em relação ao controlo não tratado após dias de pulverização 1 DBS= Um dia antes da pulverização; DAS= Dias após a pulverização

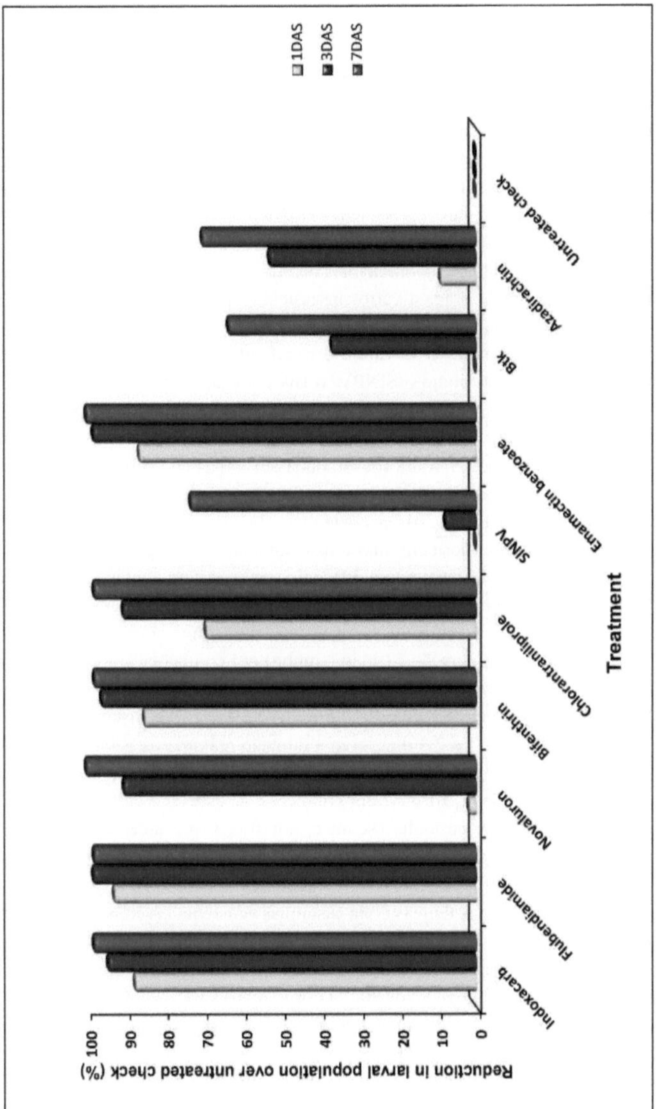

Fig. 4.12 Efeito de diferentes insecticidas e biopesticidas na redução da população larvar de *S. litura* em Capsicum durante 2013

CAPÍTULO 5

5. RESUMO E CONCLUSÕES

Spodoptera litura (Fabricius), um lepidóptero, é uma das pragas polífagas importantes responsáveis por enormes perdas em várias culturas em diferentes regiões agro-climáticas do país, incluindo Himachal Pradesh. Para desenvolver estratégias de controlo adequadas, o conhecimento do ciclo de vida da praga e do seu comportamento é essencial para conhecer os pontos fracos. O número de gerações passadas anualmente e o tempo necessário variam nas diferentes regiões agroclimáticas. Por conseguinte, uma abordagem regional para estudar a sua biologia é útil para evocar uma estratégia de gestão eficaz da praga. Para a sua gestão, a utilização de insecticidas convencionais é a prática mais comum entre os agricultores, o que conduziu a muitos problemas, incluindo a resistência da praga a vários insecticidas. Consequentemente, foram avaliados novos insecticidas menos persistentes e mais eficazes contra esta praga. Neste contexto, foram testados insecticidas como o indoxacarbe, a flubendiamida, o novalurão, a bifentrina, o clorantraniliprole e o benzoato de emamectina, bem como biopesticidas como o SlNPV, o Btk e a azadiractina, contra larvas de terceiro instar de S. litura, através do método de imersão foliar. As conclusões importantes obtidas no decurso destas investigações são resumidas a seguir:

- A biologia do desenvolvimento de S. litura foi estudada em folhas de Capsicum e registou nove gerações em condições ambientais abertas de 11 de maio de 2012 a 15 de maio de 2013 e onze gerações em condições de estufa de 11 de maio de 2012 a 17 de maio de 2013 num ano. A fêmea de S. litura colocou massas de ovos de cor branca cremosa em duas a três camadas com tonalidade esverdeada. O período de incubação variou entre 3,2 - 11,2 dias durante diferentes gerações em condições ambientais abertas e 3,2 - 8,8 dias em condições de estufa. A larva não tinha pêlos, era de cor castanha escura com manchas e linhas ténues. A duração das larvas variou entre 17,3 e 32,6 dias, com a duração máxima na geração VII (janeiro - março) e a duração mínima na geração I (maio - junho) em condições ambientais abertas. Mas variou entre 14,4 **e** 24,1 dias, com a duração máxima na geração VIII (janeiro - fevereiro) e a duração mínima na geração XI (abril - maio) em condições de estufa. Foram registados seis instares larvares.
- A duração pré-pupal variou de 1,2 **a** 2,3 dias, com a duração máxima na geração VI e a duração mínima na geração I em condições ambientais abertas, e de 1,1 **a** 2,5 dias, com a duração máxima na geração VII e a duração mínima nas gerações I, III e XI em condições de estufa. A pupa recém-formada era branca amarelada, mas depois tornou-se castanha escura e, por fim, negra antes da emergência do adulto. A duração das pupas variou entre 5,6 - 24,8 dias entre as diferentes gerações em condições ambientais abertas e 4,4 - 21,2 dias durante as diferentes gerações em condições de estufa.
- As asas anteriores dos machos e das fêmeas eram castanhas acinzentadas com um padrão distinto de linhas e estrias brancas amareladas ao longo das nervuras. Havia zonas azuladas acinzentadas na base e na ponta de cada asa anterior do macho. As asas posteriores de ambos os sexos eram branco-acinzentadas com nervuras e bordos castanhos. A longevidade adulta dos machos variou entre 7,2 - 13,6 dias e a das fêmeas entre 6,9 - 11,5 dias, em média, em diferentes gerações, em condições ambientais ao ar livre, enquanto que, em condições de estufa, a longevidade dos machos foi de 6,1 - 12,4 dias e a das fêmeas de 5,0 - 10,3 dias, em diferentes gerações. A proporção entre os sexos (macho : fêmea) durante as diferentes gerações foi favorável às fêmeas, variando entre 1 : 1,2 - 1 : 3,1 em condições ambientais ao ar livre e de 1 : 1,9 - 1 : 3,2 em condições de estufa.
- O período de pré-oviposição variou entre 1,2 - 5,4 dias em condições ambientais abertas e 1,1 - 4,3 dias em condições de estufa. O período de oviposição variou entre 1,2 - 7,7 dias entre as diferentes gerações em condições ambientais abertas e 1,3 - 6,8 dias em condições de estufa. O período de oviposição mais longo foi registado na geração III (julho - agosto) e o mais curto na geração VI (novembro - janeiro) em condições ambientais abertas. Em condições de estufa, o período de oviposição mais longo e mais curto foi registado na geração III (julho - agosto) e VII (novembro - janeiro), respetivamente. O período pós-oviposição variou entre 0,5 - 2,1 dias em condições ambientais abertas e 0,4 - 2,5 dias em condições de estufa. A fecundidade máxima foi observada na geração III (3232,3 ovos) e a mínima na geração VI (907,9

ovos) em condições ambientais abertas , enquanto que em condições de estufa, o máximo foi observado na geração IV (3643,1 ovos) e o mínimo na geração VII (1063,2 ovos).

- Os resultados do bioensaio de imersão foliar contra as larvas de terceiro instar em laboratório revelaram que o clorantraniliprole foi o inseticida mais eficaz em termos de toxicidade, seguido da bifentrina, benzoato de emamectina, flubendiamida, indoxacarbe e novalurão, com valores **LC50** de 0.03, 0,63, 0,73, 0,88, 2,08 e 22,75 ppm, respetivamente e valores **LC90** de 0,21, 4,46, 5,10, 5,95, 18,56 e 117,52 ppm, respetivamente. Os valores **LC50** de dois biopesticidas, ou seja, SlNPV e Btk, foram 1,32 x 10^5 POB/ml e 0,04 por cento, respetivamente. A concentração de azadiractina necessária para inibir 50 por cento da alimentação foliar, ou seja, **EC50**, foi estimada em 4,16 ppm.
- A eficácia no terreno de seis insecticidas e três biopesticidas contra S. litura em capsicum sob estufa revelou que, um dia após a pulverização (1 DAS), todos os novos insecticidas, exceto o clorantraniliprole e o novalurão, provocaram uma redução significativamente mais elevada da população de larvas, variando entre 84,9 e 92,9 por cento, coincidindo o máximo com a flubendiamida seguida do indoxacarb. Aos 3 DAS, a eficácia do novalurão, da azadiractina e do Btk também melhorou consideravelmente e resultou numa redução de 90,4, 52,8 e 36,9 por cento da população em relação ao controlo não tratado, respetivamente. No entanto, aos 7 DAS, o benzoato de emamectina e o novalurão provocaram a maior redução da população de larvas (100%), sendo iguais a todos os outros novos insecticidas. De um modo geral, a flubendiamida e o benzoato de emamectina foram os mais eficazes na redução da população de larvas (96,34 e 94,81 %, respetivamente), estando ao mesmo nível que os outros insecticidas, seguidos de perto pelo indoxacarbe e pela bifentrina.

Do presente inquérito foram retiradas as seguintes conclusões:

- Em condições ambientais abertas, S. litura, quando criada em folhas de Capsicum, completou 9 gerações num ano, mas em condições de estufa, completou 11 gerações num ano.
- Foram registadas mais duas gerações em estufa em comparação com as condições ao ar livre, o que pode ser devido ao ambiente congénito da estufa para o desenvolvimento da praga.
- A proporção entre os sexos (macho : fêmea) durante as diferentes gerações foi favorável às fêmeas, tanto em condições ambientais abertas como em condições de estufa.
- O período total de desenvolvimento de S. litura foi encurtado com o aumento da temperatura em ambas as condições, indicando que a temperatura era inversamente proporcional ao período total de desenvolvimento.
- Com base nos valores **LC50**, verificou-se que o clorantraniliprole e a bifentrina são os mais tóxicos para as larvas de terceiro instar de S. litura, seguidos do benzoato de emamectina, da flubendiamida e do indoxacarbe em condições laboratoriais.
- No âmbito da experiência de campo, a flubendiamida seguida do benzoato de emamectina foram os mais eficazes na redução da população de larvas, sendo iguais entre si e seguidos de perto pelo indoxacarbe e pela bifentrina.

LITERATURA CITADA

Abbott WS. 1925. Método para calcular a eficácia de um inseticida. Jornal de Entomologia Económica 18: 265-267

Ahmad AME e Hooper GHS. 1979. Developmental and reproductive biology of Spodoptera litura (F.) (Lepidoptera: Noctuidae). Journal of the Australian Entomological Society 18: 363-372

Ahmad M e Saleem MA. 2004. Eficácia comparativa de dez insecticidas convencionais e de nova química contra o caruncho do exército, Spodoptera litura (Fabricius) (Lepidoptera: Noctuidae) em condições laboratoriais. Pakistan Entomologist 26: 1-4

Ahmad M, Ahmad MS e Ahmad M. 2005. Mortalidade orientada no tempo no verme da folha, Spodoptera litura (Fab.) (Lepidoptera: Noctuidae) por alguns novos insecticidas químicos. Pakistan Entomologist 27: 67-70

Ahmed K e Prasad NWSD. 2010. Avaliação do indoxacarb contra a broca do fruto na malagueta. Jornal de Investigação sobre Pesticidas 22: 187-189

Amaldoss G e Yang KD. 1988. Efeito da alimentação, envelhecimento e diapausa na longevidade e oviposição das fêmeas adultas da lagarta do exército, Spodoptera litura (Fabricius) (Lepidoptera: Noctuidae). In: Actas de da Academia Indiana de Ciências, Ciências Animais 97: 29-34

Anónimo. 1993. Spodoptera litura (Mapa de distribuição). In: Mapas de distribuição de pragas de plantas. Mapa 61

Anónimo. 2010. Relatório anual de progresso. Departamento de Entomologia, CSK HPKV, Palampur, Índia

Arora R. 1993. Growth and development of Spodoptera litura (Fab.) on hirsutum cotton in the Punjab. Jornal Indiano de Ecologia 20: 37-42

Asano S, Nagaoka H, Wada Y e Miyamoto K. 2004. Influência das folhas na atividade biológica da formulação de Bacillus thuringiensis contra o caruncho comum, Spodoptera litura. Jornal Japonês de Entomologia e Zoologia Aplicada 48: 307-314

Bae SD e Park KB. 1999. Effects of temperature and food source on pupal development, adult longevity and oviposition of the tobacco cutworm, Spodoptera litura Fabricius. Jornal Coreano de Entomologia Aplicada 38: 23-28

Balasubramanian G, Chelliah S e Balasubramanian M. 1984. Effect of host plants on the biology of Spodoptera litura Fabricius. Indian Journal of Agricultural Sciences 54: 1075-1080

Basavaraju BS, Shashank PR, Doddabasappa B, Vijayakumar L e Chakravarthy AK. 2010. Eficácia de iscos venenosos e biopesticidas contra Spodoptera litura Fab. (Lepidoptera: Noctuidae) na batata. Pest Management in Horticultural Ecosystems 16: 64-68

Batra HN. 1956. Registo de alguns insectos de importância económica no vale de Kullu. Boletim de Proteção das Plantas 8: 18-23

Battu GS, Arora R e Bath DS. 1998. Avaliação do vírus da poliedrose nuclear nativo para a gestão da ecosafe de Spodoptera litura (Fabricius) na cultura da couve-flor. In: Actas da Conferência Internacional sobre Agricultura Ecológica para o Desenvolvimento Sustentável, Volume 2, Chandigarh, Índia. P 315-322

Bhalani PA e Talati GM. 1984. Crescimento e desenvolvimento de Spodoptera litura (Fabricius) em certas plantas alimentares. Jornal de Investigação da Universidade Agrícola de Gujarat 9: 60-62

Bhardwaj SP. 1972. Estudo de levantamento de pragas de insectos da soja Glycine max (L) Murrill, Himachal Pradesh. Tese de Mestrado, p 73. Departamento de Zoologia, Universidade de Himachal Pradesh, Shimla, Índia

Bhushan VS, Babu VR, Reddy KD e Umamaheswari T. 2010. Eficácia de certos insecticidas contra Spodoptera litura (Fab.) na batata. Jornal de Ciências Agrícolas de Karnataka 23: 195-196

Birah A, Alpana, Singh B, Mahapatro GK e Gupta GP. 2008. Avaliação da toxicidade do benzoato de emamectina contra a lagarta do tabaco (Spodoptera litura) através de três técnicas de ensaio diferentes. Jornal Indiano de Entomologia 70: 200-205

Cardona EV, Ligat CS e Subang MP. 2007. História de vida da lagarta comum, Spodoptera litura Fabricius (Noctuidae: Lepidoptera) em Benguet. BSU Research Journal 56: 73-84

Chand NK e Tripathi AK. 2008. Biologia de Spodoptera litura (Fab) em diferentes plantas hospedeiras. Actas da Sociedade Zoológica da Índia 7: 57-61

Chandel RS, Sharma PC, Verma KS, Mehta PK e Kumar V. 2011. Insectos pragas da batata-III: Insectos desfolhadores e comedores de folhas. Pestologia 35: 60-66

Chatterjee ML e Mondal S. 2012. Gestão sustentável dos principais insectos lepidópteros pragas de produtos hortícolas. Ata Horticulturae 958: 147-153

Chowdary LR, Hosamani AC e Bheemanna M. 2011. Suscetibilidade de base de Spodoptera litura ao rynaxypyr, uma nova molécula inseticida do grupo das diamidas antranílicas. Jornal Indiano de Proteção das Plantas 39: 65-67

Cordero RJ, Kuhar TP, Speese JIII, Youngman RR, Lewis EE, Bloomquist JR, Kok LT e Bratsch AD. 2006. Eficácia no terreno dos insecticidas para o controlo de pragas de lepidópteros em couves na Virgínia. Plant Health Progress 20: 1-9

Deota PT e Upadhyay PR. 2005. Estudos biológicos da azadiractina e seus derivados contra a praga polífaga, Spodoptera litura. Investigação sobre produtos naturais 19: 529-539

Dhaliwal GS, Jindal V e Dhawan AK. 2010. Insect pest problems and crop losses: changing trends. Jornal Indiano de Ecologia 37: 1-7

Dhandapani N e Babu PCS. 1995. Eficácia do vírus da poliedrose nuclear contra Spodoptera litura no amendoim em diferentes locais de Tamil Nadu. Madras Agricultural Journal 82: 531-533

Dharma PK, Madhumathi P, Rao A e Rao VS. 2007. Toxicidade dos insecticidas para estirpes resistentes de Spodoptera litura (Fab.) no algodão. Anais de Ciências da Proteção das Plantas 15: 77-82

Dhawan AK, Kaur A e Kumar R. 2007a. Toxicidade relativa de novos insecticidas contra Spodoptera litura. Anais das Ciências da Proteção das Plantas 15: 235-281

Dhawan AK, Saini S, Mohindru B e Singh K. 2007b. Suscetibilidade de Spodoptera litura (F.) a alguns insecticidas novos. Jornal de Investigação sobre Pesticidas 19: 169-171

Dhawan AK, Singh R e Shera PS. 2008. Eficácia no terreno do novalurão contra a lagarta do tabaco, Spodoptera litura (Fab.), no algodão Bt. Pesticide Research Journal 20: 75-78

Dhir BC, Mohapatra HK e Senapati B. 1992. Avaliação da perda de culturas no amendoim devido à lagarta do tabaco, Spodoptera litura (F.). Jornal Indiano de Proteção das Plantas 20: 215-217

Dyar HG. 1890. The number of molts of lepidopterous larvae. Psyche 5: 420-422

Ebbinghaus KU, Lummen P, Raming K, Masaki T e Yasokawa N. 2007. Flubendiamida, o primeiro inseticida com um novo modo de ação nos receptores de rianodina dos insectos. Pflanzenschutz Nachrichten Bayer 60: 117-140

Ellis SE. 2004. Novas diretrizes de resposta a pragas: Spodoptera. USDA/APHIS/ PPQ/PDMP.http://www.aphis.usda.gov/import_export/plants/manuals/emergency /downloads/nprg_spodoptera.pdf (13th December, 2012)

Finney DJ. 1971. Probit Analysis, 3rd ed., Cambridge University, London. Universidade de Cambridge, Londres. p 333

Fleming R e Ratnakaran A. 1985. Avaliação de dados de tratamento único utilizando **a fórmula de Abbott com referência a insecticidas.** Jornal de Entomologia Económica 79: 1179-1181

Gedia MV, Vyas HJ, Acharya e Patel PV. 2008a. Estudos sobre tabelas de fecundidade de Spodoptera litura (Fabricius) em amendoim. Anais das Ciências da Proteção das Plantas 16: 74-77

Gedia MV, Vyas HJ, Acharya e Patel PV. 2008b. Taxa de aumento da tabela de vida e distribuição etária estável de Spodoptera litura (Fabricius) no algodão. Anais de Ciências da Proteção das Plantas 16: 62-65

Ghosh A, Samanta A e Chatterjee ML. 2008. Avaliação de alguns novos reguladores de crescimento de insectos e insecticidas contra a broca do fruto da malagueta Spodoptera litura (Fab.). Pest Management in Horticultural Ecosystems 14: 122-127

Gomez KA e Gomez AA. 1984. Statistical Procedures for Agricultural Research, 2nd edition. John Wiley and Sons, Nova Iorque. p 680

Gupta GP, Birah A e Mahapatro GK. 2007. Impacto do adjuvante de pulverização na toxicidade dos insecticidas contra lepidópteros. Pesticide Research Journal 19: 5658

Gupta GP, Rani S, Birah A e Raghuraman M. 2004. Relative toxicity of certain new insecticides against Spodoptera litura (Fabricius). Pesticide Research Journal 16: 45-47

Hanumantharaya L, Parameshwarappa KG, Naik LK, Basavanagoud K e Kumar CJ. 2010. Bioeficácia dos insecticidas contra as lagartas comedoras de folhas de cártamo, Perigia capensis (Walker) e Spodoptera exigua (Hub.). Karnataka Journal of Agricultural Sciences 23: 23-25

Hirooka T, Kodama H, Kuriyama K e Nishimatsu T. 2007a. Desenvolvimento no terreno de flubendiamida (Phoenix®, Takumi®) para o controlo de insectos lepidópteros em produtos hortícolas, frutos, chá, algodão e arroz. Pflanzenschutz Nachrichten Bayer 60: 203-218

Hirooka T, Nishimatsu T, Kodama H, Reckmann U e Nauen R. 2007b. The biological profile of flubendiamide, a new benzenedicarboxamide insecticide. Pflanzenschutz Nachrichten Bayer 60: 183-202

Hosamani AC, Chowdary LR, Bheemanna M e Hanchinal SG. 2011. Bioeficácia de campo do Rynaxypyr 20 SC contra o complexo da broca do fruto no quiabeiro. Anais de Ciências da Proteção das Plantas 19: 451-508

Hussain MA, Pachori R e Choudhary BS. 2003. Gestão de Spodoptera litura (Fab.) em couve, com especial referência a pesticidas microbianos. Investigação sobre culturas 4: 263-267

Im DJ, Jin BR, Choi K e Kong SK. 1990. Controlo microbiano da lagarta do tabaco, Spodoptera litura (Fab.), utilizando o vírus da poliedrose nuclear de S. litura. I. O efeito da pulverização em folhas de soja, temperatura, armazenamento e luz solar na patogenicidade do vírus. Jornal Coreano de Entomologia Aplicada 29: 184-189

Ishaaya I, Horowitz AR, Tirry L e Barazani A. 2002. Novaluron (Rimon), um novo IGR-Mecanismo, seletividade e importância nos programas IPM.

Mededelingen Faculteit Landbouwkundige en Toegepaste Biologische Wetenschappen, Universiteit Gent 67: 617-626

Jat MC e Bhardwaj SC. 2001. Efeito combinado de Bacillus thuringiensis e SlNPV com malatião, decametrina e azadiractina contra as larvas de terceiro e quinto instar de Spodptera litura (Fabricius) em couve-flor em condições de semi-campo. Jornal Indiano de Entomologia Aplicada 15: 47-51

Jayanthi PDK e Padmavathamma K. 1996. Efeito de agentes microbianos nas fases de desenvolvimento da lagarta do tabaco, Spodoptera litura (Fabricius). Jornal Indiano de Proteção das Plantas 24: 102-109

Jayanthi PDK e Padmavathamma K. 2001. Ação conjunta de insecticidas microbianos e químicos em Spodoptera litura (Fab.) (Lepidoptera: Noctuidae). Jornal de Agricultura Tropical 39: 142-144

Jethva DM e Kapadia MN. 2007. Bio-eficácia comparativa de Bacillus thuringensis var. kurstaki contra Spodoptera litura (Fabricius) em diferentes plantas hospedeiras. Agricultural Science Digest 27: 156

Joshi MD e Patel VN. 2011. Abordagem ecológica contra Spodoptera litura Fabricius na soja. Jornal de Investigação Entomológica 35: 51-52

Kaur A, Kang BK e Singh B. 2007. Toxicidade de diferentes insecticidas contra Spodoptera litura (Fabricius) em Punjab, Índia. Jornal de Investigação sobre Pesticidas 19: 4750

Kaur JJ, Rao DK, Sehgal SS e Seth RK. 2001. Effect of hexane extract of neem seed kernel on development and reproductive behaviour of Spodoptera litura. Annals of Plant Protection Sciences 9: 171-178

Khan RR, Ahmed S e Nisar S. 2011. Respostas à mortalidade de Spodoptera litura (Fab.) (Lepidoptera: Noctuidae) contra alguns insecticidas convencionais e de nova química em condições laboratoriais. Pakistan Entomologist 33: 147-150

Khan RR, Khuram Z, Waqar S e Bakhtiar S. 2010. Eficácia do Tracer 240 SC e do Steward 150 SC contra larvas de primeiro e segundo instar de Helicoverpa armigera utilizando o método de imersão das folhas. Jornal de Investigação sobre Proteção das Plantas 50: 438-441

Kharub RS, Singh H, Rohilla HR e Chopra NP. 1993. Population dynamics and biology of Spodoptera litura (Fab.) on groundnut Arachis hypogaea Linn. Annals of Biology 9: 257-262

Kulkarni GG, Kumar SSR, Hugar PS e Kulkarni KA. 1999. Persistência de NPV contra Spodoptera litura (Fab.) em morangueiros no trato de transição de Karnataka. Anais da investigação agrobiológica 4: 45-47

Kumar D, Singh R e Mahal MS. 1992. Biologia de Spodoptera litura (Fab.) em girassol. Jornal de Ciência dos Insectos 5: 33-36

Kumar M. 2004. Seasonal fluctuation, damaging potential and biology of Spodoptera litura on Paulownia fortunei. Jornal Indiano de Ciências Agrícolas 74: 171-173

Kumawat MM e Kumar A. 2008. Toxicidade residual de alguns novos insecticidas na cultura da soja contra Spodoptera litura (Fab.). Ambiente e Ecologia 26: 1700-1702

Lahm GP, Cordova D e Barry JD. 2009. Activadores novos e selectivos dos receptores de rianodina para o controlo de insectos. Bioorganic & Medicinal Chemistry 17: 4127-4133

Lahm GP, Stevenson TM, Selby TP, Freudenberger JH, Cordova D, Flexner L, Bellin CA, Dubas CM, Smith BK, Hughs KA, Hollingshaus JG, Clark CE e Benner EA. 2007. Rynaxypyr™: Uma nova diamida antranílica inseticida que actua como um ativador potente e seletivo do recetor de rianodina. Bioorganic & Medicinal Chemistry letters 17: 6274-6279

Lan YQ. 2009. Toxicidade selectiva de insecticidas entre Spodoptera litura e Bombyx mori. Boletim de Ciências Agrícolas da China 25: 249-252

Liu YQ, Wang W, Yu CL, Mu W e Hu YP. 2011. Interação de inibidores de enzimas com insecticidas em Spodoptera exigua (Hubner) e Spodoptera litura (Fabricius). Ata Phytophylacica Sinica 38: 70-74

Maghodia AB. 2005. Análise biométrica e bioecologia de Spodoptera litura Fabricius em diferentes hospedeiros e seu manejo em mamona. Tese de doutoramento, p. 163. Departamento de Entomologia, Universidade Agrícola de Anand, Anand, Índia.

Mann HS, Sohi AS, Singh J e Sandhu SS.1995. Biologia e controlo de Spodoptera litura (F.) no algodão. Jornal de Investigação, Universidade Agrícola de Punjab 32: 375-378

Mohan K, Singh AK, Tripathi RA, Singh SV e Awasthi RP. 2005. Bioeficácia de certas formulações de Bacillus thuringiensis Berliner na mortalidade e biologia de Spodoptera litura Fabricius. Farm Science Journal 14: 78-80

More MR e Chundurwar RD. 1991. Eficácia do vírus da poliedrose nuclear contra as larvas de Spodoptera litura (F.) em diferentes plantas hospedeiras. Jornal das Universidades Agrícolas de Maharashtra 16: 364-366

Nakasuji F e Matsuzaki T. 1977. A densidade do limiar de controlo da lagarta do tabaco, Spodoptera litura, em beringela e pimentos doces em casa de vinil. Applied Entomology and Zoology 12: 184-189

Nandini, Giraddi RS, Mantur SM e Patil RK. 2012. Avaliação de biopesticidas contra pragas de capsicum em cultivo protegido. Anais de Ciências da Proteção das Plantas 20: 120-125

Nathan SS e Kalaivani K. 2005. Eficácia do nucleopoliedrovírus e da azadiractina em Spodoptera litura Fabricius (Lepidoptera:Noctuidae). *Controlo* Biológico 34: 93-98

OuYang SC e Chu YI. 1991. Biologia do crisomelídeo do tabaco (*Spodoptera litura* (F.)). IV. Copulação e oviposição de fêmeas emparelhadas durante três dias. *Jornal Chinês de Entomologia* 11: 39-47

Pande D e Srivastava RP. 2003. Toxicidade e atividade antifeedante do indoxacarb (Avaunt 14.5 SC) contra a lagarta do tabaco, *Spodoptera litura* Fabricius. *Insect Environment* 9: 69-71

Parasuraman S e Jayaraj S. 1983. Effect of temperature and relative humidity on the development and adult longevity of the polyphagous *Spodoptera litura* (Fab.) (Lepidoptera: Noctuidae). *Indian Journal of Agricultural Sciences* 53: 582584

Park HH, Kim KH, Kim JJ, Goh HG e Lee SG. 2010. Relação entre a densidade larvar do lagarta-do-tabaco, *Spodoptera litura* (Lepidoptera: Noctuidae) e os danos causados no pimentão em estufa. *Jornal Coreano de Entomologia Aplicada* 49: 351-355

Patel CC e Chari MS. 1987. Estudos bio-ecológicos sobre a lagarta comedora de folhas do tabaco, *Spodoptera litura* Fabricius. *Tobacco Research* 13: 1-8

Patel HK, Patel NG e Patel VC. 1971. Estimativa quantitativa dos danos causados ao tabaco pela lagarta comedora de folhas, *Prodenia litura*. *Tropical Pest Mangement 17*: 202-205

Patel IS, Rote NB, Shah AH, Patel UG e Patel BK. 1986. Biologia do bicudo do algodoeiro, *Spodoptera litura* Fb. (Noctuidae: Lepidoptera) no algodão. *Gujarat Agricultural University Research Journal* 11: 67-68

Pathania AK. 2011. Toxicidade de alguns insecticidas e biopesticidas contra *Spodoptera litura* (Fabricius). Tese de Mestrado, p 93. Departamento de Entomologia, CSK Himachal Pradesh Krishi Vishvavidyalaya, Palampur, Índia

Pawar VM, Chundurwar RD, Thombre UT e Dhanwandker SD. 1991. Eficácia do NPV contra *Spodoptera litura* (Fab.) na couve. *Jornal das Universidades Agrícolas de Maharashtra* 16: p 430

Pokharkar DS, Charati SN, Bade BA e Ghorpade SA. 2001. Avaliação de agentes de biocontrolo para a gestão de *Spodoptera litura* que danifica a batata (*Solanum tuberosum*). *Jornal Indiano de Ciências Agrícolas* 71: 797-799

Prapaipan O. 1995. Estudos biológicos sobre a lagarta comedora de folhas de tabaco, Spodoptera litura Fabricius e seus inimigos naturais. Relatório anual. Estação Experimental de Tabaco de Mae Jo, Chiang Mai, Tailândia. P 51-52

Prithwiraj P e Chatterjee ML. 2003. Estudos de bioensaios sobre alguns novos insecticidas contra a traça-das-crucíferas, Plutella xylostella (L.) e a lagarta do tabaco, Spodoptera litura (Fab.). Pest Management and Economic Zoology 11: 111-114

Prithwiraj P e Chatterjee ML. 2004. Efeitos do novaluron sobre a população de Plutella xylostella e Spodoptera litura na couve. Anais das Ciências da Proteção das Plantas 12: 204-205

Ramana VV, Reddy GPV e Krishnamurthy MM. 1988. Piretróides sintéticos e outras formulações de isco no controlo de Spodoptera litura (Fab.) que ataca o amendoim rabi. Pesticidas 1: 522-524

Ramanagouda SH e Srivastava RP. 2009. Bioeficácia dos insecticidas contra a lagarta do tabaco, Spodoptera litura. Jornal Indiano de Proteção das Plantas 37: 1419

Rao AB, Rajasekhar P, Rao GR e Rao VS. 2006. Incidência sazonal e gestão de Spodoptera litura no feno-grego. Anais das Ciências da Proteção das Plantas 14: 86-89

Reddy KS, Ramachandrarao G, Rao PA e Rajasekhar P. 2005. Bio-eficácia de alguns insecticidas mais recentes contra Spodoptera litura (Fab.) que infesta o girassol, Helianthus annuus L. Journal of Oilseeds Research 22: 222-223

Reddy MRS e Reddy GS. 1999. Um método ecológico para combater a Helicoverpa armigera (Hub.). Insect Environment 4: 143-144

Sabir N, Deka S, Tanwar RK, Singh B, Raj S, Adhikari S e Sindhu SS. 2012. Comparative evaluation of pesticides and biorationals against key pests of greenhouse chrysanthemum. Jornal Indiano de Horticultura 69: 101-105

Sachithanandam S, Rabindra RJ e Jayaraj S. 1989. Estudos de cultura em vaso sobre a eficácia das formulações de NPV contra as larvas do verme do tabaco, Spodoptera litura (F.), no amendoim. Journal of Biological Control 3: 44-46

Saini RK, Pala R e Saharan HS. 2010. Avaliação laboratorial e de campo do novalurão (Rimon 10EC) contra Spodoptera litura (Fab.) no algodão. Jornal de Investigação e Desenvolvimento do Algodão 24: 91-94

Sandhu I e Sohi AS. 2009. Efeitos de doses sub-letais de insecticidas no consumo de alimentos e nos índices de taxa de crescimento da lagarta do tabaco, Spodoptera litura (Fabricius), no algodão. Jornal de Ciência dos Insectos 22: 191-194

Sanjrani MWS, Munshi GH e Abro GH. 1989. Effects of temperature on the biology of Spodoptera litura Fab. Philippine Entomologist 7: 573-578

Satyanarayana NVV, Rao GR e Rao PA. 2010. Incidência e gestão de Spodoptera litura (Fab.) no amendoim após a estação das chuvas. Anais de Ciências da Proteção das Plantas 18: 22-25

Schumutterer H 1990. Potencial e propriedades dos pesticidas naturais da árvore de neem, Azadirachta indica. Revisão Anual de Entomologia 35: 271-297

Selvaraj S, Adiroubane D, Ramesh V e Narayanan AL. 2010. Impacto dos factores ecológicos na incidência e desenvolvimento do verme do tabaco, Spodoptera litura Fabricius, no algodão. Jornal de Biopesticidas 3: 43-46

Shad SA, Sayyed AH, Fazal S, Mushtaq A, Saleem MA, Zaka SM e Ali M. 2012. Resistência desenvolvida no campo a carbamatos, organofosforados, piretróides e novos insecticidas químicos em Spodoptera litura Fab. (Lepidoptera: Noctuidae). Jornal de Ciência das Pragas 85:153-162

Shahout HA, Xu JX, Yao XM e Jia QD. 2011. Influência e mecanismo de diferentes plantas hospedeiras no crescimento, desenvolvimento e fecundidade do sistema reprodutor do caruncho comum Spodoptera litura (Fabricius) (Lepidoptera: Noctuidae). Jornal Asiático de Ciências Agrícolas 3: 291-300

Shankarganesh K, Dhingra S e Rao GR. 2007. Toxicidade relativa de alguns insecticidas sintéticos contra diferentes populações de Spodoptera litura (Fabricius). Pesticide Research Journal 19: 172-175

Sharma A. 2006. Atividade biológica de alguns extractos de plantas contra Pieris brassicae (Linn.) e Spodoptera litura (Fab.). Tese de Mestrado, p 90. Departamento de Entomologia e Apicultura, Universidade de Horticultura e Silvicultura Dr. Yashwant Singh Parmar, Nauni, Solan, Índia

Sharma D. 1994. Biologia e preferência alimentar da lagarta do tabaco, Spodoptera litura Fabricius, em cinco hospedeiros diferentes. Jornal de Investigação Entomológica 18: 151-155

Sharma N. 2012. Avaliação de alguns insecticidas e iscos contra o bicho-da-corte Agrotis segetum (Denis & Schiffermuller). Tese de Mestrado, p 86. Departamento de Entomologia, CSK Himachal Pradesh Krishi Vishvavidyalaya, Palampur, Índia

Sharma PC e Pathania AK. 2012. Suscetibilidade relativa de Spodoptera litura (Fabricius) a alguns insecticidas e biopesticidas. Jornal de Ciência dos Insectos 25: 326-329

Sharma PL e Bhalla OP. 1964. A survey study of insect pests of economic importance in Himachal Pradesh. Indian Journal of Entomology 26: 318-331

Sharma SS, Kaushik HD e Kalra VK. 2001. Toxicidade de Bacillus thuringiensis var. kurstaki e aizawai contra

algumas pragas de lepidópteros. Anais de Biologia 17: 91-94
Shih CJ. 1995. Determinação do estádio larvar e efeito da temperatura no desenvolvimento de Spodoptera litura. Memórias da Faculdade de Agricultura, Universidade Nacional de Taiwan 35: 393-400
Singh AN e Singh RK. 2007. Atividade antifeedante de algumas formulações de neem contra larvas de Spodoptera litura através de um teste de não escolha. Jornal Indiano de Proteção das Plantas 35: 342-343
Singh AN. 2006. Avaliação da atividade antifeedante da Nimbicidina contra larvas de Spodoptera litura. Anais de Ciências da Proteção das Plantas 14: 218-273
Singh DS e Singh JP. 1997. Avaliação do nível de suscetibilidade de piretróides sintéticos e não piretróides contra larvas de Spodoptera litura. Jornal Indiano de Entomologia 59: 245-247
Singh G, Grewal GS e Kandoria JL. 1989. Biology of Spodoptera litura (Fab.) (Lepidoptera: Noctuidae) on sesame in Punjab. Jornal de Investigação, Universidade Agrícola do Punjab 26: 241-244
Singh MK e Prasad B. 2001. Incidência sazonal e biologia da broca da malagueta, Spodoptera litura Fab. (Noctuidae: Lepidoptera) em Manipur. Jornal de Zoologia Experimental 4: 261-266
Soni VK, Dixit SA e Dubey VK. 2001. Relação hospedeiro-biologia de Spodoptera litura (Fab.) (Lepidoptera: Noctuidae). Insect Environment 7: 111-112
Sood AK. 2010a. Integrated Pest Management under protected environment: Princípios e práticas. http://agropedia.iitk.ac.in/?q=content/ management - insect-pests-protected-environment (16th December, 2012)
Sood AK. 2010b. Gestão integrada de insectos-praga em ambientes protegidos. In: Protected Cultivation for Enhanced Profitability (NK Pathania, Akhilesh Sharma, Pradeep Kumar e Praveen Sharma eds), Compêndio de Palestras da Escola de verão, Departamento de Ciência Vegetal e Floricultura, CSK HPKV, Palampur. P 216-226
Sreenivas AG, Sharanabasappa, Hosmani AC, Bheemanna M, Suresh BK, Shivaleela, e Patil BV. 2008. Eficácia da flubendiamida 480 SC contra o complexo de brocas da malagueta. Jornal de Investigação sobre Pesticidas 20: 243-246
Srivastava C e Reddy DS. 2006. Avaliação da atividade antifeedante de formulações de neem contra a lagarta do tabaco, Spodoptera litura. Jornal Indiano de Proteção das Plantas 34: 126-128
Stanley J, Chandrasekaran S, Regupathy A e Jasmine RS. 2006. Base line toxicity of emamectin and spinosad to Spodoptera litura. Anais das Ciências da Proteção das Plantas 14: 346-349
Su J, Lai T e Li J. 2012. Suscetibilidade das populações de campo de Spodoptera litura (Fabricius) (Lepidoptera: Noctuidae) na China ao clorantraniliprole e às actividades das enzimas de desintoxicação. Proteção das culturas 42: 217-222
Suby SB, Singh B e Gupta GP. 2008. Eficácia de certos insecticidas mais recentes com novos modos de ação na lagarta do tabaco, Spodoptera litura (Fabricius). Jornal Indiano de Entomologia 70: 95-99
Sujata S e Joseph B. 2011. Desenvolvimento de uma dieta oligídica à base de tapioca e seus efeitos no desempenho da criação em massa (Biologia) em pragas de lepidópteros de Spodoptera litura (Fab.) (Lepidoptera: Noctuidae). Jornal de Entomologia 8: 174182
Sujatha M e Lakshminarayana M. 2007. Resistência a Spodoptera litura (Fab.) em espécies de Helianthus e linhas consanguíneas derivadas de cruzamentos envolvendo espécies diplóides. Euphytica 155: 205-213
Talikoti LS, Sridevi D e Ratnasudhakar T. 2009. Toxicidade relativa de novos insecticidas selecionados contra a lagarta do tabaco, Spodoptera litura. Jornal Indiano de Proteção das Plantas 37: 183-185
Talikoti LS, Sridevi D e Ratnasudhakar T. 2012. Toxicidade relativa dos reguladores de crescimento de insectos contra a lagarta do tabaco, Spodoptera litura (Fabricius). Jornal de Investigação Entomológica 36: 31-34
Tatagar MH, Mohankumar HD, Shivaprasad M e Mesta RK. 2009. Bioeficácia da flubendiamida 20 WG contra a broca do fruto da malagueta, Helicoverpa armigera (Hubner) e Spodoptera litura (Fabricius). Jornal de Ciências Agrícolas de Karnataka 22: 579-581
Temple JH, Pommireddy PL, Cook DR, Marçon P e Leonard BR. 2009. Suscetibilidade de pragas de lepidópteros selecionadas ao Rynaxypyr®, um novo inseticida. *Jornal da Ciência do Algodão* 13: 23-31
Thakur JR e Sharma PL. 1974. Ocorrência da lagarta do tabaco e da lagarta peluda da mamona em plantas de

macieira em Himachal Pradesh. *Entomologist Newsletter* 4: 29

Thanki KV, Patel GP e Patel JR. 2003. Population dynamics of *Spodoptera litura* on castor, *Ricinus communis*. *Indian Journal of Entomology* 65: 347-350

Thodsare NH e Srivastava RP. 2012. Crescimento e desenvolvimento da lagarta do tabaco, *Spodoptera litura* (Fabricius) em várias plantas hospedeiras. *Bioinfolet* 9: 746749

Thomas MJ, Jacob A e Nair MRGK. 1969. Relações hospedeiro-biologia de Spodoptera litura (F.) (Lepidoptera: Noctuidae). Indian Journal of Agricultural Sciences 39: 400-402

Thomas SR e Bilapate GG. 2007. Biologia de Spodoptera litura (Fabricius) em cultivares de girassol. Jornal das Universidades Agrícolas de Maharashtra 32: 285-286

Tohnishi M, Nakao H, Furuya T, Seo A, Kodama H, Tubata K, Fujioka S, Kodama H, Hirooka T e Nishimatsu T. 2005. Flubendiamide, um novo inseticida altamente ativo contra pragas de insectos lepidópteros. Jornal da Ciência dos Pesticidas 30: 354-360

Tomar SPS, Chaudhary RK e Shrivastava VK. 2005. Avaliação da bioeficácia da flubendiamida 20 WDG (RIL 038) contra bollworms no algodão. Jornal de Investigação e Desenvolvimento do Algodão 19: 231-233

Vashisth S, Chandel YS e Kumar S. 2012. Biologia e potencial de danos de Spodoptera litura Fabricius em algumas culturas importantes em estufa. Jornal de Ciência dos Insectos 25: 150-154

Vashisth S. 2009. Complexo de insectos e nemátodos associados a algumas culturas polivalentes importantes. Tese de Mestrado, p 48. Departamento de Entomologia, CSK Himachal Pradesh Krishi Vishvavidyalaya, Palampur, Índia

Venkateswarlu U, Madhumathi T e Rao PA. 2005. Relative toxicity of novel insecticides against insecticide resistant Guntur strain of Spodoptera litura (Fab.) on cotton in Andhra Pradesh. Pesticide Research Journal 17: 33-35

Xie S, Liang Y, Lin Z, Li H e Ji X. 2010. A toxicidade e a eficiência de controlo de nove insecticidas para Spodoptera litura. Proteção das Plantas 36: 175-177

Xue M, YunHong P, Wang HT, Li QL e Liu T. 2010. Efeitos de quatro plantas hospedeiras na biologia e utilização de alimentos do bicho-da-farinha, Spodoptera litura. Jornal de Ciência dos Insectos 10: 1-14

Yasa V e Rao GVR. 2011. Toxicidade relativa de tiodicarbe, indoxacarbe e espinosade para a broca da vagem da grama e a lagarta do tabaco. Pestologia 35: 34-37

YunHong P, Xue M, Zhang Y, Peng YQ e Wang G. 2007. Estudo sobre a sensibilidade das larvas de Spodoptera litura e Spodoptera exigua aos insecticidas nos campos de tabaco. Ata Tobacaria Sinica 13: 43-46

Zhang BC. 1994. Index of economicically important Lepidoptera: CAB International, Wallingford, UK. P 599

APÊNDICE-I

Parâmetros meteorológicos em ambiente aberto durante o período de estudo (2012-13)

(a) Mês a mês

Month	Temperature (^{0}C)		Relative humidity (%)		Rainfall (mm)
	Maximum	Minimum	Maximum	Minimum	
2012					
May	31.4	17.8	42.5	29.2	1.1
June	33.7	20.6	48.3	37.0	1.9
July	27.9	20.2	87.4	81.2	24.2
August	25.2	19.2	96.3	89.1	27.2
September	26.3	17.5	91.8	79.4	12.7
October	25.2	12.1	69.7	52.0	0.7
November	21.2	8.2	71.0	48.7	0.2
December	18.5	6.3	64.9	51.1	1.1
2013					
January	15.5	4.3	72.1	55.0	2.4
February	16.4	6.1	76.4	64.2	5.4
March	22.4	10.0	65.8	53.0	3.9
April	25.5	13.5	63.9	43.4	2.0
May	32.1	18.4	42.6	30.5	0.9

(b) Por geração

Generation	Temperature (^{0}C)		Mean RH (%)	Rainfall (mm)
	Maximum	Minimum		
I	33.0	19.2	33.4	1.2
II	31.9	20.9	61.7	10.0
III	26.4	19.8	89.8	31.2
IV	26.1	18.0	88.9	13.8
V	25.3	12.1	60.8	0.7
VI	18.8	6.6	59.2	0.6
VII	17.0	6.0	67.3	4.5
VIII	23.4	11.0	58.3	4.1
IX	27.8	15.7	47.2	2.0

APÊNDICE-II

Parâmetros climáticos em estufas durante o período de estudo (2012-13)

(a) Mês a mês

Month	Temperature (^{0}C)		Relative humidity (%)	
	Maximum	Minimum	Maximum	Minimum
2012				
May	36.8	15.2	74.7	29.3
June	36.5	17.2	80.6	30.5
July	34.3	20.1	87.1	46.3
August	33.2	20.6	89.8	55.7
September	34.1	18.3	81.4	48.0
October	32.6	12.2	71.0	30.1
November	27.4	8.1	84.2	59.4
December	21.5	3.0	84.4	59.2
2013				
January	19.9	1.6	84.4	62.5
February	19.9	2.0	75.3	65.9
March	32.4	4.4	80.9	60.7
April	34.5	11.8	80.3	34.4
May	41.4	16.0	75.2	32.3

(b) Por geração

Generation	Temperature (^{0}C)		Mean RH (%)
	Maximum	Minimum	
I	36.8	15.6	51.6
II	36.4	17.3	58.7
III	33.8	20.4	66.3
IV	33.3	20.7	73.1
V	34.2	17.6	62.3
VI	30.9	10.4	59.9
VII	21.6	3.7	71.5
VIII	20.1	1.8	71.8
IX	32.8	4.3	70.6
X	33.5	10.8	58.9
XI	41.3	15.1	54.1

Breve biografia do estudante

Nome : Gajanand Nagal
Nome do pai: Sh. Ganesh Nagal
Nome da mãe: Smt. Laxmi Devi
Data de nascimento: 20th July, 1988
Endereço permanente: P.O. Bangla Nagar, Distt. Bikaner (Raj.) Pin. 334001
Habilitações acadêmicas:

Qualification	Month	Year	School/Board/University	Marks (%)	Division
10th Class	March	2003	Basic English Sr. Sec. School, Bikaner (Raj.), RBSC Board	74.0	First
12th Class	March	2005	Basic English Sr. Sec. School, Bikaner (Raj.), RBSC Board	60.3	First
B.Sc. (Agriculture)	June	2011	Mahatma Phule Krishi Vidyapeeth, Rahuri, Distt. Ahmednagar (M.S.), India	76.4	First
M.Sc. (Agriculture) Entomology	July	2013	CSK Himachal Pradesh Agricultural University, Palampur (H.P.), India	82.3	First

Bolseiro/ Bolsa de estudo/ Medalhas de ouro/ Prémios/ Qualquer outra distinção:
NTS (National Talent Scholarship) durante o B.Sc. e bolsa de mérito durante o M.Sc.
Publicações:

Total: Nulo
Artigos de investigação (em revistas especializadas): - Nulos
Artigos científicos populares: - Nulos
Outros: Nulo

Visitas ao estrangeiro, com indicação da duração e do objetivo da visita: Nulo

MIX
Papier aus verantwortungsvollen Quellen
Paper from responsible sources
FSC® C105338

Printed by Books on Demand GmbH, Norderstedt / Germany